Natural Biotherapeutics
—— Revolution of Probiotic

Andrew

自然生物疗法

——益生菌与人体微生物菌群的革命

崔 岸◎著

北京大学出版社
PEKING UNIVERSITY PRESS

图书在版编目（CIP）数据

自然生物疗法：益生菌与人体微生物菌群的革命/崔岸著. —北京：北京大学出版
社，2020.10
ISBN 978-7-301-31667-2

Ⅰ.①自… Ⅱ.①崔… Ⅲ.①细菌群体－基本知识 Ⅳ.①Q939.1

中国版本图书馆CIP数据核字（2020）第186528号

书　　　名	自然生物疗法——益生菌与人体微生物菌群的革命
	ZIRAN SHENGWU LIAOFA——YISHENGJUN YU RENTI WEISHENGWU JUNQUN DE GEMING
著作责任者	崔 岸 著
责 任 编 辑	黄 炜
标 准 书 号	ISBN 978-7-301-31667-2
出 版 发 行	北京大学出版社
地　　　址	北京市海淀区成府路205 号　100871
网　　　址	http：//www.pup.cn　　新浪微博：@北京大学出版社
电 子 信 箱	zpup@pup.cn
电　　　话	邮购部010-62752015　发行部010-62750672　编辑部010-62764976
印 刷 者	天津中印联印务有限公司
经 销 者	新华书店
	730毫米×980毫米　16开本　12.5印张　168千字
	2020年10月第1版　2022年7月第5次印刷
定　　　价	38.00元

致 谢

这本书能够完稿和出版发行，离不开中国和北美医学营养、微生物制药与微生态学、微生物组与益生菌方面的科学家、医生和朋友们的支持和建议。我要感谢他们每个人，他们的鼓励和引导使我完成了这种独立的思考和写作。

首先和最重要的，感谢我极好的妻子和她所给予的耐心；也感谢我们两个可爱而令人惊羡的孩子——子瀚和枫枫，一直给我灵感和快乐。

特别感谢袁杰力教授和陈杰鹏博士。感谢 "康白纪念基金"。

感谢我的研究生导师高孔荣教授以及他曾给予我在食品发酵和生物工程领域的指导。

最后，感谢我的父母和其他家人，给我机会在营养和

生命科学领域不断学习。他们也曾为我创造了开放而自由的环境，并让我能够去追逐自己的梦想。在不久的将来，我会尽力去实现我们所期望的更有价值的人生。

崔　岸

ACKNOWLEDGMENTS

This book would not have revised and published without support and suggestions from many experts for medicine and nutrition, microbial pharmaceutics and microecology, microbiome and probiotics, clinical doctors and other individuals in China and North America. I would like to thank all of them. I remain grateful for those who encouraged and helped steer me into independent thinking and through this writing endeavor.

First and formost, my thanks go to my wonderful wife and her patience. Thanks to our lovely and amazing kids—Morgan and Miranda, who always give me inspiration and happiness.

Specifically, I would like to thank Professor Jieli Yuan and Dr. JiePeng Chen. Thanks to "Kangbai Memorial Fund".

I need to thank my mentor at graduate school—Professor Kongrong Gao and his guide for me in food fementation and bioengineering sector.

Finally, I want to thank my parents and extended family members, who gave me the opportunity to continue study in nutrition and life science

and ever created an open and free environment in which I could pursue my dreams. I will try my best to realize more valuable life desired by us in very near future.

Andrew Cui

序　言

微生物无处不在。微生物（细菌等）的发现显然要归功于生于17世纪30年代的"显微镜之父"——荷兰人安东尼·列文虎克（Antonie van Leeuwenhoek），他用自制的高倍显微镜最早看到了细菌，1683年，由他提供的第一幅细菌绘图发表在英国皇家学会的《皇家学会哲学学报》上。但似乎他并没有把微生物与人类健康的故事关联起来。直到19世纪50年代，法国微生物学家、"微生物和疫苗之父"路易斯·巴斯德（Louis Pasteur，1822—1895年）和细菌学的奠基人和病原菌研究的鼻祖——德国细菌学家和医学家罗伯特·科赫（Robert Koch，1843—1910年，曾获1905年诺贝尔生理学或医学奖）的科研和应用成就，才使得微生物真正成为人们的热门话题。巴斯德和科赫在进行发酵研究时了解到很多微生物是有益人体的，但当时导致各种疾病的细菌，即病原微生物更加受到人们的关注。

巴斯德曾说："无穷小的作用意味着无穷大"，这也预示了肉眼不可见的微生物孕育着巨大潜力，并具有非凡的意义。

自20世纪80年代起，DNA检测技术得到了快速发展和应用，随着当代基因测序技术的进步，数以10万计的新基因，全新种类的细菌、真菌和各种病毒逐渐被发现。

2004年，日本学者Nobuyuki Sudo和他的同事使用无菌鼠（gnotobiotic mice）最早开创了有关益生菌的肠-脑关联，即肠脑轴（gut-brain axis, GBA）理论的具有里程碑意义的研究。

在进入21世纪后的近二十年里，人类科技也在飞速进步，特别是生命科学、医药、营养和生物科技的进展，包括近些年的研究热点，如微生物组（microbiome）研究的深入和应用等，都对工业界和人们日常生活中的食品、健康日用品、生物制品和药品产生了深远的影响。

2016年5月，美国政府发起耗资约4亿美元的国家微生物组计划（NMI），这是继2007年美国国立卫生研究院（NIH）耗资1.2亿美元的人类微生物组计划（HMP）之后又一影响深远的计划。此国家微生物组计划旨在发展微生物组科学、造福人类、社会和整个地球。该计划将推动基础研究在医疗保健、食品生产和环境恢复等领域的可行性应用。参加计划的美国公共部门和私人投资机构包括：国立卫生研究院、国家科学基金会、农业部、国家航空航天局（NASA）、比尔及梅琳达·盖茨基金会，还有数个美国顶尖大学、跨国制药和生物科技公司、营养品与健康科学公司等。笔者工作过的几个美国公司总部的医学营养和微生物专家、同事们也参与其中。

笔者2009年后曾移居北美生活与工作数年，近10年来常往返于北美与中国，与欧洲及美国、加拿大、日本和中国等国内外世界一流的医学营养专家、微生物组和益生菌科学家以及国际领先的制药、营养和生物科技公司的专家们有着诸多广泛而深入的交流和合作。对益生菌和益生元、营养保健与生物科技行业领域有着丰富的国内外实践、市场和产品创新经验，也使得笔者对微生态制剂、营养与健康行业的发展趋势有了全新的认知和更深刻的理解。

随着生命科学和技术的日新月异，与微生物相关的各种生物技术，包括热门的基因编辑技术（CRISPR）等必将给益生菌和益生元，乃至医药营养和大健康等产业带来新的机遇和无限的前景。本书以《自然生物疗法——益生菌保健与使用指南》的框架和内容为基础，又重点总结了近十多年来的最新研究成果，并分享了笔者的实践经验和心得，尤其是增加了肠脑轴和神经益生菌以及全球商业化与临床应用的益生菌等相关内容，希望对中国同行、感兴趣的读者和广大消费者有所裨益。

崔 岸

2019年圣诞节

于美国夏威夷

目　录

第一章　发现益生菌 ·· 1

第一节　益生菌的历史回顾 ······································· 2

第二节　人体微生物组与益生菌 ································· 7

第二章　益生菌与抗生素 ·· 9

第一节　益生菌的定义及其发展 ······························ 10

第二节　抗生素的定义及其发展 ······························ 11

第三节　抗生素的危害和副作用 ······························ 14

第四节　益生菌的功效概览 ···································· 16

第五节　为什么现代人更需要补充益生菌 ···················· 19

第三章　益生菌与口腔及咽喉健康 ······························· 22

第一节　口腔微生物菌群与牙齿健康 ························· 22

第二节　咽喉微生物菌群与健康 ······························ 25

第四章　益生菌与上消化道健康 ··· 27

　第一节　益生菌帮助消除口臭和治疗胃溃疡 ································· 27

　第二节　益生菌防止肠渗漏综合征和食品过敏 ······························ 32

　第三节　益生菌帮助预防和治疗酵母感染 ···································· 34

第五章　益生菌与结肠健康 ·· 36

　第一节　结肠微生物菌群组成与益生菌在结肠中的作用 ··············· 36

　第二节　益生菌与肠易激综合征和炎症性肠病 ······························ 38

　第三节　不同的益生菌用于缓解和治疗腹泻 ································· 39

第六章　益生菌与免疫系统 ·· 43

　第一节　免疫学相关的概念、免疫系统的功能 ······························ 43

　第二节　益生菌减少抗生素需求和提升免疫功能 ························· 45

　第三节　益生菌提高免疫细胞活性与抗体的生成 ························· 46

　第四节　益生菌提升细胞因子和其他免疫标记物的表达 ··············· 48

　第五节　益生菌预防和控制炎症反应等与免疫相关的疾病 ··········· 49

　第六节　益生菌预防和辅助治疗癌症 ·· 50

第七章　益生菌与生殖泌尿道健康 ··· 53

　第一节　阴道微生态菌群的组成、变化和定植 ······························ 53

　第二节　药物治疗生殖泌尿道感染及阴道微生态破坏 ··············· 55

　第三节　益生菌预防和治疗细菌性阴道炎 ································· 57

　第四节　益生菌预防与治疗阴道酵母感染和尿道感染 ··············· 58

　第五节　国内外用于女性阴道健康的益生菌类产品 ···················· 60

第八章　益生菌与皮肤健康 ·· 62

　第一节　益生菌用于防治皮肤疾病 ··· 63

　第二节　益生菌与生物美容 ··· 64

　第三节　益生菌与排除体内毒素 ··· 65

第九章　益生菌与儿童健康 ································· 67

第一节　益生菌与母乳喂养 ····················· 68

第二节　益生菌用于控制儿童中常见的胃肠道疾病 ··········· 69

第三节　益生菌用于婴儿白假丝酵母感染的治疗 ··········· 71

第四节　益生菌用于其他的儿科健康问题 ··········· 71

第五节　体弱婴幼儿应谨慎使用未经临床证实的益生菌 ··········· 72

第十章　益生菌和老人健康 ································· 75

第一节　用益生菌解决便秘等肠道问题 ··········· 75

第二节　益生菌用于缓解高胆固醇和高血脂等问题 ··········· 76

第三节　益生菌与健康长寿 ··········· 78

第十一章　益生菌的其他潜在益处 ························· 81

第一节　预防糖尿病 ··········· 81

第二节　改善乳糖不耐症 ··········· 82

第三节　缓解自闭症与减轻焦虑和抑郁症 ··········· 82

第四节　保护肝脏和肾的健康 ··········· 84

第五节　维护心血管健康 ··········· 85

第十二章　膳食纤维与益生元 ····························· 88

第一节　膳食纤维的概念与功用 ··········· 89

第二节　益生元的概念与功用 ··········· 90

第三节　常见的益生元及其基本特性 ··········· 95

第四节　益生元的全新定义与发展 ··········· 97

第十三章　肠脑轴和神经益生菌 ··························· 100

第一节　肠脑轴 ··········· 101

第二节　神经益生菌 ··········· 106

第十四章　全球商业化与临床应用的益生菌 ················· 113

第一节　大肠杆菌Nissle 1917 ··········· 114

第二节　嗜酸乳杆菌 ……………………………………………… 115

第三节　鼠李糖乳杆菌 …………………………………………… 119

第四节　罗伊氏乳杆菌 …………………………………………… 128

第五节　干酪乳杆菌和副干酪乳杆菌 …………………………… 132

第六节　植物乳杆菌 ……………………………………………… 135

第七节　芽孢杆菌 ………………………………………………… 139

第八节　动物双歧杆菌（乳双歧杆菌）………………………… 140

第九节　两歧双歧杆菌 …………………………………………… 143

第十节　短双歧杆菌 ……………………………………………… 144

第十一节　长双歧杆菌 …………………………………………… 146

第十二节　布拉迪酵母 …………………………………………… 148

第十五章　如何选择全球市场上的益生菌类产品 ……………… 162

第十六章　益生菌及基于微生物组研究的产品的未来 ………… 168

第一节　益生菌与新型冠状病毒肺炎 …………………………… 169

第二节　益生菌及微生物组产品的展望 ………………………… 171

术语和词汇表 ………………………………………………… 176

CONTENTS

Chapter 1 Discovery of Probiotics ·· 1

    Section 1 The Historical Review of Probiotics ························· 2

    Section 2 Human Microbiome and Probiotics ························ 7

Chapter 2 Probiotics and Antibotics ··· 9

    Section 1 The Definition of Probiotics and Its Development ········· 10

    Section 2 The Definition of Antibiotics and Its Development ········ 11

    Section 3 The Imperilment and Side-effect of Antibiotics ·········· 14

    Section 4 The Overview for the Function of Probiotics ············· 16

    Section 5 Why Modern People Need More Probiotics ············· 19

Chapter 3 Probiotics and Oral &Throat Health ·························· 22

    Section 1 Oral Microbiota and Tooth Health ···················· 22

    Section 2 Throat Microbiota and Health ························· 25

Chapter 4   Probiotics and Upper Digestive Tract Health ················ 27

   Section 1   Probiotics Help to Eliminate Halitosis & Treat Gastric Ulcer ·············· 27

   Section 2   Probiotics Protect against Leaky Gut Syndrome & Food Allergy ·········· 32

   Section 3   Probiotics Help to Prevent & Cure Yeast Infection ······················ 34

Chapter 5   Probiotics and Colon Health ······························· 36

   Section 1   Colon Microbiota and Role of Probiotics ···························· 36

   Section 2   Probiotics and Irritable Bowel Syndrome （IBS） & Infammatory

   Bowel Disease （IBD） ·· 38

   Section 3   Different Probiotics Alleviate &Treat Diarrhea ······················ 39

Chapter 6   Probiotics and Immune System ························· 43

   Section 1   The Concept of Immune, Immune System and Function ··············· 43

   Section 2   Probiotics Help to Reduce the Use of Antibiotics

   and Improve Immunity ·· 45

   Section 3   Probiotics Help to Improve the Activity of Immunocyte

   and Production of Antibody ··· 46

   Section 4   Probiotics Help to Improve Activity of Cytokine and

   Expression of Other Immune Markers ··· 48

   Section 5   Probiotics Prevent and Control Inflammation Reaction

   & the Relative Immune Diseases ··· 49

   Section 6   Probiotics Prevent and Assist to Treat Cancer ······················· 50

Chapter 7   Probiotics and Urogenital Tract Health ·················· 53

   Section 1   Vaginal Microbiota, Its Varieties and Colonization ··············· 53

   Section 2   Drug Therapy to Urogenital Tract Infection and

   Disruption of the Vaginal Microecology ··· 55

   Section 3   Probiotics Prevent and Treat Bacterial Vaginasis ··············· 57

   Section 4   Probiotics Prevent and Treat Vaginal Yeast Infection and Urogenital Tract Infection ·· 58

Section 5   Probiotics Market Products for Women Vaginal Health

in China and Other Countries ·· 60

Chapter 8   Probiotics and Skin Health ·· 62

Section 1   Probiotics Used for Preventing Skin Diseases ················· 63

Section 2   Probiotics and Biological Skin-care ···························· 64

Section 3   Probiotics and Eliminating the Toxin in Human Body ········ 65

Chapter 9   Probiotics and Child Health ·· 67

Section 1   Probiotics and Breast-feeding ·································· 68

Section 2   Probiotics Use for Common Gastrointestinal Diseases for Child ·········· 69

Section 3   Probiotics Use for *Candida albicans* Infection of Infant ······ 71

Section 4   Probiotics Use for Other Paediatric Health Problems ········ 71

Section 5   Carefully Using Probiotics without Enough Clinical Study

for Feeble Infant ·· 72

Chapter 10   Probiotics and the Elderly's Health ····························· 75

Section 1   Solve the Constipation Problems by Using Probiotics ········· 75

Section 2   Relieve the High Cholesterol and Blood Lipids ··············· 76

Section 3   Probiotics and Prolongation of Life ··························· 78

Chapter 11   Other Potential Benefits to Human Body from Probiotics ······ 81

Section 1   Preventing Diabetes ··· 81

Section 2   Alleviating Lactose Intolerance ······························· 82

Section 3   Reduing Autism, Anxiety and Depression ···················· 82

Section 4   Protecting Liver and Kidney Health ·························· 84

Section 5   Maintaining Cardiovascular Health ·························· 85

Chapter 12   Dietary Fibre and Prebiotics ···································· 88

Section 1   The Concept, Definition and Function of Dietary Fibre ········ 89

Section 2　The Concept, Definition and Function of Prebiotics ·············· 90

Section 3　Common Prebiotics and Their Primary Characteristics ············ 95

Section 4　New Definition of Prebiotics and Its Development ··············· 97

Chapter 13　The Gut-Brain Axis and Psychobiotics ···················· 100

Section 1　The Gut-Brain Axis ··· 101

Section 2　Psychobiotics ·· 106

Chapter 14　Global Commercial Use and Clinical Probiotics ············ 113

Section 1　*Escherichia coli* Nissle 1917 ································· 114

Section 2　*Lactobacillus acidophilus* ··································· 115

Section 3　*Lactobacillus rhamnosus* ··································· 119

Section 4　*Lactobacillus reuteri* ······································· 128

Section 5　*Lactobacillus casei* and *Lactobacillus paracasei* ············· 132

Section 6　*Lactobacillus plantarum* ··································· 135

Section 7　*Bacillus* ·· 139

Section 8　*Bifidobacterium animalis*（*B. lactis*） ····················· 140

Section 9　*Bifidobacterium bifidum* ··································· 143

Section 10　*Bifidobacterium breve* ···································· 144

Section 11　*Bifidobacterium longum* ·································· 146

Section 12　*Saccharomyces boulardii* ·································· 148

Chapter 15　How to Choose Probiotics Products in Global Market ······· 162

Chapter 16　The Future of Probiotics and Microbiome-based Products ······ 168

Section 1　Probiotics and COVID-19 ··································· 169

Section 2　Perspective of Probiotics and Microbiome-based Products ········· 171

Terms and Glossary ··· 176

第一章　发现益生菌

益生菌，即有益人体的微生物或细菌。在人类文明萌芽之际，益生菌就已被应用和发现于发酵奶制品（发酵酸奶和奶酪等）和其他发酵食品（使用酵母发酵的面包和酒，发酵蔬菜如德国发酵黄瓜和韩国泡菜等）中。中国人在公元前500年就会制造和食用豆腐了，并有用豆腐乳作为类似抗生素药物使用的经验。3000多年前的中国民间已有发酵豆制品（特别是后来传入日本而得以风靡的纳豆产品），这让我们隐约看到了人类发现益生菌和在无意识中利用着益生菌的影子。20世纪初，欧洲的酸奶和益生菌保健品的流行与巴斯德和俄国科学家梅契尼科夫（Elif Metchnikoff，1845—1916年，1908年诺贝尔生理学或医学奖获得者）的推崇和贡献有关。进入21世纪以来，生命科学、医学微生态学、营养学与生物科技等领域研究的长足进步与应用，特别是人体微生物组学的深入研究与应用，给益生菌提供了更坚实的理论和科学支持，给益生菌与营养保健相关的产业注入了新的活力，将会为人类健康做出应有的贡献和创造出更大的社会价值。

第一节　益生菌的历史回顾

在远古时代，人类的日常饮食中就已经含有乳酸发酵类的食品了。实际上，据考古专家研究考证，约200万年前，直立的人类已开始出现，约在150万年前出现的早期人类已经发明并开始食用发酵食品，这比人类懂得如何使用火（80万年前）的时间还早了约70万年。乳酸发酵可谓是一种最古老且简单安全的食品保藏方式。

发酵乳的出现可追溯到五六千年前。古埃及遗迹的壁画上就有挤牛奶的图画，壁画上的文字记载，当时有一种称为"生命"的强酸性乳饮料。古巴比伦游牧民族亦以马、羊和牛等家畜的乳做成发酵乳，除了饮用外，还将发酵乳当作药品。据史料记载，古代的中东和近东都有食用发酵乳的习惯，并用发酵乳治疗胃肠疾病、肝病和食欲不振，在实践中人们还发现了发酵乳的保健和美容功效。古希腊的人们也相信，男人吃了发酵乳会更强壮，女人吃了则会更年轻漂亮。据记载，在伊朗，发酵乳以前也被当作化妆品来使用。大约在公元前5000年到前2000年，酒精发酵被古埃及人和幼发拉底河流域的苏美尔人（Sumerians）用于酒类和酿造工业。

早在公元12世纪，一代天骄成吉思汗就已用发酵马奶和牛奶作为他的军队的日常饮食。当时，成吉思汗率领的大军，横扫欧亚，所向披靡。士兵们在军队出征前先将马奶或牛奶在太阳下曝晒，再制成乳饼，大家把乳饼放在随身的皮袋中，然后再将皮袋注满水。在军队的远征途中，皮袋中的乳饼会发酵成为发酵乳。此发酵乳被称为"库米斯"，是蒙古军队的重要饮料和药剂。发酵乳不愧为成吉思汗称雄世界的"秘密武器"[1]。

开菲尔（Kefir），作为另一种区别于传统发酵乳的提神清爽型发酵乳制品，最早源于俄罗斯北高加索地区。而其名字可能由土耳其语衍生而来，它的第一个音节"Kef"在土耳其语中的意思为"愉快"，可能最早描述了土耳其牧民饮用开菲尔时的感受。它的传统制作运用一种被称为"开菲尔粒"的天然细菌培养物（有时被称为发酵剂），它们的外形类似于小的椰菜花，呈淡黄色，每个颗粒的直径在3～20毫米之间，"开菲尔粒"含有乳酸菌（lactic acid bacteria，LAB）和酵母，乳酸菌包括乳杆菌（*Lactobacillus*）、乳球菌（*Lactococcus*）、明串珠菌（*Leuconostoc*）等，发酵过程的主要产物有乳酸、二氧化碳、酒精和许多香气成分（如双乙酰和乙醛）。开菲尔含有维护人体正常菌群所需的多种有益的菌株，被证实具有去除病原微生物、重建人体消化道菌群以及帮助消化和吸收等作用。

19世纪末，梅契尼科夫在保加利亚旅行时惊奇地发现，该地区的人们可以健康地活到100岁，有的人的寿命甚至更长。通过对保加利亚人的饮食习惯的研究，梅契尼科夫发现这些长寿人群有着经常饮用含有益生菌的发酵牛奶的传统。经过进一步地考察，梅契尼科夫发现了用于发酵牛奶的细菌（益生菌）和长寿的某种关联：他假定人体大部分健康不佳的状态源自大肠（主要指结肠），体内肠道下部的结肠部位常集结着极高浓度的"好"细菌；他相信"自体中毒"过程可使有害物质和毒素通过结肠壁渗入循环系统，逐步导致各种慢性疾病。梅契尼科夫在其著作《延年益寿》（*Prolongation of Life*）中系统地阐述了自己的观点和发现。此外，他还提出了肠内菌有害的学说，大肠杆菌（*Escherichia coli*）是肠内腐败的根源，乳酸菌和益生菌可拮抗大肠杆菌，起着清除腐败和减少酚、氨类等有害物质的作用。

在19世纪末和20世纪初，巴斯德发现蚕病和酒的腐败都与微生物有关，并因此挽救了法国当时濒临倒闭的养蚕业和酿酒业。他还通过对鸡霍乱病的研究，发现将鸡霍乱弧菌连续培养几代会减毒，给鸡接种这种减毒细菌，可使鸡获得对霍乱的免疫力，从而发明了鸡霍乱疫苗。巴斯德同样认为肠内发酵是必需的，并提出了微生物有益的观点。

同期，科赫在第一次世界大战霍乱大流行期间，分离出了霍乱弧菌。他的发现震惊了欧美和日本，随后赴德的日本留学生北里柴三郎发现了鼠疫杆菌，志贺洁发现了志贺氏菌（痢疾杆菌），取得了令人瞩目的成就。20世纪初，其他的普通传染病如猩红热、产褥热、白喉、百日咳等相继被发现。当时的学术界全力研究各种传染病的病原体并在实践中取得了很大的成就，根本无暇顾及人体正常生理性细菌和有益菌群的研究。

1899年，法国巴黎儿童医院的帝赛（Henry Tisser）医生最先发现了双歧杆菌（*Bifidobacterium*）。他发现母乳喂养的婴儿的大便涂片主要是革兰氏阳性多形态的杆菌或球杆菌，并有分叉，命名为分叉杆菌（现称为双歧杆菌）；人工喂养的婴儿的大便中很少有此菌，而是大量的革兰氏阴性杆菌。帝赛还发现双歧杆菌与婴儿患腹泻的频率以及营养都有关系。此外，德国的妇产科医生多德林（Doderlein）最先发现，健康女性的阴道由革兰氏阳性杆菌所主导和寄居，此菌群的减少及革兰氏阴性杆菌和其他菌群的增加，往往预示着女性阴道炎症的产生。他在1891年的第四届德国妇科科学大会上宣读了一篇题为《关于阴道分泌物和阴道细菌》的论文。1894年，多德林还第一个描述了正常的怀孕女性的阴道菌群主要由乳杆菌组成。这些发现都成为阴道微生态学和阴道益生菌制剂的基础。1915年纽曼（Newman）第一个使用乳杆菌制剂来治疗女性阴道炎并取得了很好的效果。

20世纪二三十年代，雷特格（Rettger）和他的同事们开始对从肠道中分离得到的嗜酸乳杆菌（*Lactobacillus acidophilus*）进行了系统的研究并进行了最初的人体临床实验。他们发现，这种嗜酸乳杆菌（现被认为是益生菌的一种）比酸奶中常用的保加利亚乳杆菌（*Lactobacillus bulgaricus*）对人体的健康更加有益。

20世纪30年代初，日本京都大学代田（Minoru Shirota）博士筛选并培养了一株优质的益生菌株并命名为干酪乳杆菌代田株（*Lactobacillus casei Shirota*）（Shirota菌株），1935年该菌株在日本首先被成功地商业化应用，添加在益生菌饮品——Yakult 里（中文名为"益力多"或"养乐多"），"Yakult"此名取自世界语"Jahurto"，即酸奶。如今，"益力多"（Yakult）

成为享誉全球的国际品牌。该饮品属于老少咸宜的活性益生菌饮料。

20世纪50年代，美国农业部已开始批准使用益生菌类产品作为药物来治疗猪和牛的"家畜腹泻病"，此病主要由大肠杆菌所引起。有研究报告显示，通过提供益生菌补充剂来治疗患"家畜腹泻病"的猪，有效率高达97%，此治愈率几乎与用抗生素（硫酸新霉素）治疗的效果相当。不同的是，摄入天然益生菌产品不会给猪带来任何不良反应，而且成本较为低廉，而使用抗生素药物却会使抗生素残留在猪体内。令人遗憾的是，这项有着深入研究价值的工作因没有得到当时政府部门及所属研究机构、大型制药公司的充分重视而没有继续下去。

20世纪五六十年代，德国柏林自由大学的哈内尔（Haenel）教授等研究了各种厌氧菌的培养方法，并认为肠道中99%的细菌为厌氧菌。当时开发的这种同一条件下的细菌培养技术使人们开始了解到，在人体内有比大肠杆菌数量多1000倍以上的各种细菌生存。值得一提的是，以美国印第安纳州Lobound实验室的雷尼耶（Reynier）博士和瑞典卡罗林斯卡（Karolinska）学院的Gustagsson等为代表的科学家们进行的无菌动物研究，从另一面阐明了微生物菌群的作用和本质。对厌氧菌的研究也发现，健康人体和动物体内的细菌主要是正常的微生物菌群（microbiota）或生理性细菌（益生菌群）。

1977年，德国的沃克·鲁什博士（Volker Rush）首次提出了"microecology（微生态学）"一词，并在1985年给出如下定义："微生态学是细胞水平或分子水平的生态学。"他还在德国赫尔本创建了世界上第一个微生态学研究所。中国的微生态学专家康白等人也提出了被国内广泛认可的定义，即"微生态学是研究正常微生物群与宿主相互关系的生命科学分支"。微生态学的崛起和发展极大地推动了对正常微生物和益生菌领域的深入研究与应用[2]。

到了20世纪八九十年代，国内外对益生菌和益生元的研究给予了高度的重视，中国的预防医学和微生态学界又常称益生菌和益生元类产品为微生态制剂或微生态调节剂。世界上对新型而功效确切的各类益生菌及其代谢产物的研究，正不断深化，达到了新的研究高度和应用水平，并逐步拓宽到与人类健康和疾病预防相关的更多的领域。同时，更先进的技术，如离心和冷冻干燥技术、保护性载体稳定技术和微胶囊包埋技术等，开始被成功地运用到益生菌及相关生物活性产品的生产实践中。目前市场上，益生菌产品除了在动物饲料和普通食品（如酸奶、干酪、发酵肉制品、发酵蔬菜、口服液、益生菌果汁、烘焙产品、豆奶和营养饮品等）等方面成熟应用外，还进一步被成功用于婴幼儿配方奶粉、医用食品、膳食补充剂（片剂、粉末或颗粒剂、胶囊、滴剂等）、药品和非口服的益生菌产品（例如化妆品和牙膏）等诸多产品中[3]。

从20世纪50年代开始，大量的科学研究和数据支持了梅契尼科夫的观点，证实补充益生菌的确有诸多益处。然而，同时代引入的抗生素的批量生产与广泛应用更加震惊了世界，抗生素（antibiotics）作为一种神奇的药物，因拯救了无数遭受细菌感染的人的性命而名垂青史。然而，抗生素掩盖了益生菌的效果长达几十年，不管益生菌如何能够提升人体的机能去对抗多种多样的有害菌并保障人体健康，它们在迅速见效且强大的抗生素类药物面前依然相形见绌，几乎被完全遮掩埋没。因此，益生菌还未能参与真正的竞争便很快地从医药市场上消失了。

今天，日益增长的耐抗生素细菌和抗生素的毒性问题迫使人们重新考虑和评估这些药物的过量使用和滥用情况。越多人使用抗生素药物就会对人类产生越多的危害。人们正在摒弃这样的老观念——使用药品是他们击败"感染"并战胜病原细菌和病毒等有害微生物的唯一方式。益生菌，作为"坏"细菌的天敌，正开始成为抗生素治疗以外的另一绝佳选择。对益生菌（它们通常可天然地寄居在人体内）的正确使用，是行之有效的预防和对付疾病的措施之一，但绝非完全取代药物。

第二节　人体微生物组与益生菌

　　进入21世纪10年代后，随着生物化学与分子生物学、基因组学和微生物组学的进一步深入发展，生物技术和乳酸细菌现代相关技术的发展与完善，医学临床研究的广泛参与和强有力的支撑，益生菌及其相关产品被更多地用于预防和治疗疾病，维护人类健康方面的研究也作为全球热点而备受瞩目，全球市场上的应用产品也开始不断推陈出新，层出不穷。

　　所谓人体微生物组（human microbiome），是指包括来自人体微生物菌群（human microbiota）的基因的集合，即包括人体内所有微生物（细菌、病毒、真菌和原生动物）及其基因和基因组。人体微生物组的研究和应用方向与热点主要包括：

　　（1）宏基因组。

　　（2）人体微生物组与健康。

　　（3）人体微生物组与疾病。

　　（4）涉及人体微生物组的各种因素：比如宿主微生物组、生活方式、饮食、药物、治疗（therapy）等。其中与治疗最相关的因素包括：抗生素、粪菌移植、益生菌、益生元和膳食纤维。

　　（5）特定或具体位点的微生物组。

　　（6）相关技术：包括体外模型和体内试验（in vivo assay）技术等。

　　随着近十来年微生物组学的快速发展，益生菌也成为热点中的热点。换言之，药物治疗并非是根除有害微生物（病原微生物）的唯一和最终手段。当人类患病而使用药物治病后往往会带来潜在的副作用，益生菌将会明显改善药物治疗中所造成的人体内正常微生物菌群的不平衡——这种不平衡又常表现为微生物菌群失调[①]（dysbiosis）。微生物菌群失调包括人体有益微生

---

　　① 微生物菌群失调，通常指正常菌群与宿主之间的相对平衡遭到破坏，正常菌群紊乱、失调的一系列症状。

物（益生菌）菌群损失，人体微生物的多样性遭到破坏或损失等方面，人体微生物组的建立和稳定在儿童和婴幼儿阶段尤为重要，肠道的新陈代谢和免疫功能发展都发生在婴幼儿对外界环境适应和调整的这个起始阶段，婴幼儿在生长发育过程中更容易遭受微生物菌群失调。

任何对人体正常菌群定植的扰乱或破坏都有可能对短期和长期的人体健康产生影响[4]。这自然会妨碍和破坏人体与生俱来的天然防御和免疫系统。益生菌对人体微生物菌群失调的矫正和调节，就有可能使得相关疾病得到更有效的预防、控制、改善乃至治愈。

总之，益生菌不是真正严格意义上的营养成分，也不是一般意义上的食品、生物活性成分（配料）或生物制品，它们就是活的微生物（以细菌和酵母等为主），它们与人体有着极为密切的共生或互惠互利关系。以益生菌及其代谢物（metabolite，某些代谢物如酶类或短链脂肪酸等成分已被确证为对人体健康有益的生物活性物质）为核心成分所制成的各类产品必将在更宽广的领域造福人类，造福社会和整个地球，对益生菌的进一步深刻认识，将使人类走向健康而美好的未来。

参考文献

[1] 光冈知足. 优酪乳让你健康一辈子[M]. 台北：暖流出版社，2003.

[2] 康白. 微生态学发展的历史轨迹[J]. 中国微生态学杂志，2002，14（6）：311-314.

[3] HILL C，et al. The international scientific association of probiotics and prebiotics consensus statement on the scope and appropriate use of the term probiotic[J]. Nat rev gastroenterol hepatol，2014，11：506-514.

[4] JOHNSON C K，VERSALOVIC J. The human microbiome and its potential importance to pediatrics [J]. Pediatrics，2012，129：950-960.

第二章　益生菌与抗生素

细菌（或病毒）等有害微生物通常被看作是危害人类健康的"入侵者"。它们通常潜伏在各种物质的表面，亦可通过打喷嚏和咳嗽等方式释放到空气中并进行传播，或隐藏在加工处理过的或遗弃的腐败食物中。当这些有害细菌通过吞咽或其他方式进入人体后，它们将会迅速繁殖，从而引起疾病。如果人们能远离这些细菌（或病毒）等有害微生物，理论上似乎就可以远离这些细菌所导致的各种相应的疾病。当医生怀疑病人被病菌感染时，会给病人采用抗生素以去除感染，解除病症和病痛。抗菌肥皂、冲洗液和清洁用品等日用品亦能消除某些有害细菌（或病毒）。与此同时，人体内寄居的益生菌也在以其独特而天然的方式保护着人体免受病痛的折磨和干扰，互惠互利地与人类健康紧密相连。

第一节　益生菌的定义及其发展

益生菌（probiotics）这个词源自希腊语，其中"pro-"表示"有益于"，"biotics"表示"生命"，故在字面上该词可解释为"有益于生命"。

早在1965年，世界权威的学术期刊《科学》上刊登了一篇由里尔（D. M. Lilley）和斯第威尔（R. H. Stillwell）所撰写的题为《益生菌——由微生物产生的成长促进因素》的文章，"probiotic"一词最先被这两位科学家作为"antibiotic（抗生素）"的反义词使用，当时仅用作描述那些能够支持微生物生长的物质。1974年，帕克（Parker）提出益生菌的概念并用于饲料添加剂，这时益生菌这个术语才真正开始被使用并被描述为"有益健康且自然存在的微生物"。直到1987年，"当代益生菌之父"——英国学者罗伊·福勒（Roy Fuller）博士才给出了益生菌较完整的定义："益生菌是一种活的微生物喂养补充剂（制剂），通过改进宿主动物的肠道微生物菌群平衡，从而对宿主动物产生有益的效果[1]。"该定义强调了益生菌是活的微生物，不包括死菌和代谢产物，该定义后来被广泛接受。

2001年，世界粮农组织（FAO）和世界卫生组织（WHO）的专家们联合给出了益生菌的如下定义："益生菌是活的微生物，当摄入充足数量时，它会赋予宿主某种健康益处[2]。"2002年，世界粮农组织和世界卫生组织专家工作组又提出并颁布了第一个益生菌评价指南——《食品用途的益生菌评价》[2]。但该指南的应用范围过于狭窄，未涉及其他与食品无关的应用（比如女性阴道和皮肤健康的应用）。

2002年，欧洲食品和饲料菌种协会（EFFCA）也给出益生菌如下修正的参考定义："益生菌是活的微生物，通过给予（摄入）充足的数量，对宿主产生一种或多种特殊且经临床论证的功能性健康益处。"该定义包含了三个核心要点：其一，益生菌必须是活的；其二，益生菌的数量是充足的，目前公认的科研证实，通常每日摄入1亿～100亿个或更高数量的活性益生菌，才可能对人体产生积极的健康功效（不同益生菌菌株的作用剂量有明显的差异）；其三，益生菌的功效和益处必须是经过临床证实的。

2004年9月在斯洛伐克举行的第二届国际益生菌会议上，英国学者福勒博士再次提出："益生菌是一种可被消耗或摄入的存活的微生物，通过影响宿主的肠道菌群和（或）改善宿主的免疫状态，从而诱导出对宿主的健康有益的作用……"

2005年，美国北卡罗来纳州立大学的教授Dobrogosz和Versalovic提出了"免疫益生菌（immunoprobiotics）"这一新概念，并定义如下："免疫益生菌是指调节免疫应答的益生菌，它可赋予更多附加的健康益处和效果，诸如竞争性地排斥病原体，生成益生元、维生素 B_{12}、共轭亚油酸等物质[3]。"

多年以来，还有一个暂被称为"活性生物治疗剂（live biotherapeutic agents，Live BTAs）"或称为"活菌药物"的概念，常和益生菌这个术语平行或等同使用。它通常被定义为："通过与宿主的天然微生态系统相互作用，且可被用作防护和治疗人类疾病的一类活的微生物。"生物治疗剂所包含的微生物种类有乳杆菌、双歧杆菌、肠球菌（*Enterococcus*）、链球菌（*Streptococcus*）、乳酸乳球菌、拟杆菌和酵母等。

2013年，Dinan等人提出了"神经益生菌（psychobiotics）"的概念和定义：所谓神经益生菌，就是指那些对潜在精神和神经系统产生影响的益生菌[4]。这就导致把人类大脑的活动跟人体其他相关的器官产生了关联。此新概念也就自然地促进了"肠脑轴"理论的发展，并成为全球研发和应用的热点。后面有专门的章节会就其进行阐述。

第二节　抗生素的定义及其发展

抗生素从字面上解释就是"对抗生命"的意思。根据美国食品与药品管

理局的定义，抗生素也被称为抗菌素或抗菌药物，是指对抗细菌所引起的感染的药物。它们不能对抗因病毒感染所引起的诸如感冒、喉咙痛等病状。

　　回顾以往医药科学发展的进程，抗生素无疑是微生物学史上最伟大的成就之一。抗生素的发展与其他科学一样，先有了多年的经验积累，再随着其他基础科学的发展而进入解释现象的阶段，最后通过实验研究的实践转入工业生产，才确立了它的地位。用细菌的代谢产物治疗疾病很早就有，只是那时不知道有所谓细菌和抗菌物质而已。直到19世纪后半叶才真正揭开了抗生素发展的序幕。弗莱明于1929年发现青霉素，这是医学研究中偶然性作用的经典事例之一。弗莱明在研究葡萄球菌的菌落形态时，他的实验平板中偶然污染了青霉菌。他用放大镜检查了这个平板，发现一个青霉菌菌落周围的葡萄球菌菌落明显溶解。许多细菌学家可能会不加考虑就将污染平板扔掉，但弗莱明认为这是微生物拮抗现象的一个有趣例子，并进一步研究了这一现象。他有意识地在葡萄球菌培养物平板和其他微生物上接种了青霉菌，证实了其对葡萄球菌和许多其他细菌均有抑制作用。然后，弗莱明转向研究青霉菌培养物的无细胞提取物，发现它们有显著的抗细菌作用。他试着用培养物的滤液治疗局部伤口感染，并取得了一些成效。当时弗莱明将霉菌培养物的滤液中所含有的抗细菌物质叫作青霉素，并予以报道。甚为可惜的是，当时无人理会弗莱明的发现，因此，他没有再进行深入探讨，从而暂时中断了这项工作。由于当时的人们认为，动物试验结果不能反映人体内所发生的情况，或者说以动物试验结果来指导人的医学实践是不可靠的。这种错误的思想控制着弗莱明所在的研究室，因此，青霉素被埋没了10年。在这10年中，青霉素仅仅作为一种选择培养基来培养百日咳杆菌。

　　进一步推动抗生素发展的是牛津大学病理学教授弗洛里（Florey），1938—1939年，他对已知的由微生物产生的抗生物质进行了系统的研究，弗莱明所发现的青霉素是他最感兴趣的物质之一。幸运的是，弗洛里得到了以欧内斯特·钱恩（Ernest Chain）为首的一批出色的化学家的帮助，并对青霉菌培养物中的活性物质——青霉素进行了提取和纯化，到1940年已经能够制备纯度可满足人体肌肉注射的制品。在首次临床试验中，虽然青霉素的用量很少，但疗效非常惊人。青霉素成为当时最有效的抗细菌药物，它使感染性疾病的治疗发生了巨大的变革。在英美科学家的协作攻关下，青霉素大规模生产所存在的技术问题得以解决，在短短的一年中青霉素得以商品化，且产量日益增加。第二次世界大战期间，青霉素拯救了成千上万受死亡威胁的生命。青霉素从而成为第一个作为治疗药物应用于临床的抗生素[5]。

　　1952年的诺贝尔生理学或医学奖获得者瓦克斯曼（Waksman，1888—1973年）对抗生素的发展所起的作用可谓举足轻重。他和他的学生杜布斯（Dubos）等，抛弃了传统的靠碰巧来分离抗生素的方法，开始通过筛选成千上万的微生物来有意识、有目的地寻找抗生素。1942年，他首先给抗生素下了一个明确的定义："抗生素是微生物在代谢中产生的，具有抑制他种微生物生长和活动，甚至杀灭他种微生物的性能的化学物质。"在对土壤中的微生物区系研究多年后，他和他的研究小组在1944年发现了一种新抗生素——链霉素。这是一种由灰色链霉菌产生的抗生素。20世纪60年代后期，Umezawa等用新抗生素筛选相似的程序，以人体代谢过程中的特殊酶为靶子，筛选出微生物产生的低分子酶抑制剂，拉开了研究微生物产生的生物活性物质的序幕。1990年，Monaghan等将这类微生物产生的活性物质命名为生物药物素。

　　寻找新型抗生素的工作还在全球范围内继续进行着，每年都能看到一些关于新化合物出现的介绍，这种状况犹如细菌和微生物学家之间进行的竞赛。细菌不断地产生对那些常用抗生素具有抗药性的突变菌株，而微生物学家则百折不挠地寻找细菌还没来得及形成抗药性的新化合物。新的抗生素似乎只有在无止境的发现下，才能满足人们日益增加的医疗需求。难道人们就不能找到其他更好的解决之道吗？

第三节　抗生素的危害和副作用

当人们赞叹抗生素所带来的奇迹的同时，是否认真考虑过抗生素的过度使用和滥用可能带来的危害呢？

抗生素通过干扰细菌的生命周期或新陈代谢来杀死细菌，有的抗生素干扰细胞壁的生成，有的抗生素模仿某些自然物质来混淆细菌，还有的抗生素会破坏细菌的生化机制。但细菌也非常聪明，它们会适应这些企图扼制它们生长的复杂手段，改变自身的基因和化学物质，从而使抗生素失效。发现青霉素的弗莱明曾警告说，滥用这种神奇新药可能衍生出抗药性问题。诺贝尔生理学或医学奖得主、哈佛大学教授吉尔伯特（Walter Gilbert）曾指出："总有一天，80%～90%的感染症会对所有现存的抗生素产生抗药性。"世界权威的学术期刊《科学》杂志在1992年8月刊载的评论中提道："全世界各医院及诊所的医生，在对抗抗药性细菌引发的传染战中节节败退，包括葡萄球菌、肺炎球菌、链球菌、结核菌感染，痢疾及其他难以治疗的疾病。"哥伦比亚大学医学和病理学教授哈罗德·诺伊（Harold Neu）在其名为《抗药性的危机》的文章中也指出，1941年治疗肺炎球菌肺炎需连续4日每日接受4万个单位的青霉素，而今天，有些病人即便接受240万个单位的青霉素仍会死于并发的脑膜炎。美国疾病预防控制中心的米切尔·科恩（Mitchell L. Cohen）在1992年也曾警告说："如果不成功地保留目前看似有效的抗生素药品，并阻止抗药性生物的传播，后抗生素时代很快就会到来，届时将会看到感染病房里充斥着无药可救的情况。"

越来越多的科研结果和现实案例都证实了抗生素远非"万能"良药，反而可能会给人类健康带来某些副作用或不好的效果。主要有：

（1）抗生素引起酵母过度生长。怀孕的母亲因膀胱感染而服用抗生素后，容易引发阴道酵母感染，因此新生儿容易患鹅口疮（舌上的白色绒状物，也是由白假丝酵母（*Candida albicans*，原称为白色念珠菌）所引起的，白假丝酵母会繁殖并释放毒素，影响人体各器官和体内系统，包括免疫系统等）。

（2）抗生素的过度使用导致慢性疲劳综合征（chronic fatigue syndrome，CFS）。1990年美国加州大学卡罗尔·杰索普医生（Carol Jessop，MD）的研究表明，约80%的慢性疲劳综合征患者在其儿童、青少年或成人阶段都有重复或过度使用抗生素治疗的经历。

（3）抗生素对免疫力有抑制作用。1982年，美国斯坦福大学医学院的豪瑟（Hauser）和瑞明顿（Remington）医生曾撰文指出：四环素能抑制白细胞（leucocyte）吞噬细菌，延后白细胞移至感染部位的时间；磺胺类抗生素会抑制白细胞的抗菌作用；磺胺甲噁唑-甲氧苄啶（sulfamethoxazole-trimethoprim）则会抑制抗体的生成。及时的抗生素治疗会增加再次感染的概率，而延后抗生素治疗则会使体内的天然免疫力得以发挥，从而使疾病免于复发。

（4）抗生素会造成营养物质的丧失。据研究发现，因腹泻使用抗生素超过一周或更长时间，体内营养成分会流失，肠炎后的消化不良会引起轻微的营养不良和免疫力下降。例如拉肚子一天，粪便重达1千克，会损失约17毫克的锌，而锌这种矿物质（矿物质属于五大类营养物质之一）在抵抗病毒、细菌感染以及控制常规发炎上扮演着重要角色。

（5）抗生素引起食品不耐症和过敏反应。抗生素治疗会破坏肠道内正常的微生态平衡（即正常微生物群与宿主间的动态平衡），从而导致人体内益生菌的数量下降。当肠道内双歧杆菌和乳杆菌的数量太低时，食品不耐现象（例如乳糖不耐症等）会明显增加。抗生素滥用（如过度服用阿司匹林和异布洛芬等制酸剂或消炎镇痛剂）也可能使肠道壁变薄和肠道渗漏性（intestinalpermeability）增加，从而对食物的耐受性变差。这时，不良的饮食习惯如高糖高脂食品或太多的"垃圾食品"，以及太少的膳食纤维和果蔬摄入都会造成食品不耐症。抗生素的配方中可能含有香精、香料、代糖、

染料、色素和多种赋形剂等，对环境敏感和有着过敏体质的人来说，某些少量存在于抗生素配方里的合成物质或成分，都可能引起严重的反应，如呕吐、干呕、腹痛、麻疹、过敏性休克等。

简言之，抗生素过度使用的弊端极多。随着更新的和昂贵的抗生素的出现和普遍使用，对广大病患者将带来不小的开销和沉重的负担。

第四节　益生菌的功效概览

最新的研究发现，许多有益的细菌存在于人体的皮肤表面及口腔、胃肠道、呼吸道、泌尿道或女性阴道等各种腔体内。当人体提供了少量的营养和庇护给这些友好的微生物时，它们会给予人类更高的回报——它能够为人体健康服务，防止白假丝酵母及其他有害菌的入侵。

一般来说，人体内的微生物菌群平衡会以多种方式维护着人体的健康状态。经临床证实的益生菌更是有助于预防和治疗某些源自细菌、病毒、真菌和原生动物的疾病，还包括自动免疫疾病、过敏症和癌症等。维护着人体正常菌群平衡的益生菌可对人体起到去除有害物质、清除体内毒素和净化体内环境等作用。益生菌的主要功效表现在如下几点：

（1）益生菌能提高营养物质（成分）在肠道内的消化吸收。人体肠道内若无平衡的肠道菌群或没有益生菌群，就无法对所摄入的食物进行很好的消化、吸收，以及去除食品中的有害成分。许多益生菌在胃肠道内可产生酶[①]，这些酶可帮助人体更好地消化所摄入的食品及吸收食品中的营养成分。益生菌还可竞争性地黏附在肠道上皮细胞上并产生屏蔽作用，进而抑制有害微生物通过肠道壁吸收营养物质及进入血液循环系统。

（2）益生菌能制造某些重要的营养物质。肠道菌群能够产生维生素，包括维生素B_1、维生素B_2、维生素B_3、维生素B_5和 维生素B_6等，从而对营

---

① 酶通常是指由一条或多条氨基酸链组成的有活性的蛋白质。

养的优化有重要的贡献。同时，益生菌也能够产生短链脂肪酸、抗氧化剂、氨基酸、维生素K_1、维生素K_2等，这些物质对骨骼成长和心脏健康有重要作用。

（3）益生菌能提升人体的免疫系统功能。益生菌能刺激抗体的产生和增加白细胞的活性。益生菌可促进那些用于免疫细胞相互沟通的物质（细胞因子等）的产生，细胞因子则能激活免疫细胞去吞噬病原体等有害微生物[6]。

（4）益生菌可抑制和延缓某些癌症的成长。许多动物研究和若干人体临床研究表明，益生菌可抑制毒性化学物质引发的各类恶性肿瘤的生长，如结肠癌和乳腺癌等。

（5）益生菌可以降低感染的发生。肠道菌群产生的某些化学物质可杀死有害的细菌。不少益生菌还有着酸化胃肠道和泌尿生殖道的倾向。当肠道或泌尿生殖道的pH（酸碱度）接近中性时，有利于白假丝酵母和有害细菌的生长。通过降低pH，可抑制有害的细菌、酵母和病毒的生长。益生菌还可以通过与有害细菌竞争空间和资源而使其受到遏制，也可抑制有害细菌对组织的黏附及抑制其产生毒素，从而消除它们。

（6）益生菌帮助预防食品过敏。肠道内的益生菌群可看作肠道防御的一道屏障，它与免疫系统相结合，可共同防止那些不应该进入血液循环的物质被吸收。肠道发炎将导致肠道内壁上极小"孔洞"的形成，这会允许较大的外来食物颗粒进入循环系统，此时人体免疫系统发挥作用以除去这些外来的颗粒。免疫系统对此外来颗粒（过敏原）的反应会表现为食品过敏等症状。有研究显示，某些益生菌能减少肠道炎症的发生及防止食品过敏。

（7）益生菌预防酵母过度生长与感染。白假丝酵母本是人体胃肠道和黏膜的天然寄居者，当人体内菌群平衡和免疫系统功能良好时，这些酵母数量一定，不会过度生长。然而当使用抗生素、合成激素或饮食中精制碳水化合物成分过于丰富时，则会导致体内益生菌数量急剧下降，而白假丝酵母迅速、过度生长，进而出现酵母感染的症状。酵母感染会影响到阴道、尿道、口腔、咽喉、皮肤、窦、趾甲以及哺乳期母亲的乳房等，进而传播到全身。正在进行癌症治疗或患有免疫功能缺陷疾病的人群通常出现免疫系统（或说免疫力）受损害的问题，从而可能导致较严重的全身性的酵母过度生长与酵母感染。当体内益生菌数量较高时，或额外补充相当数量的益生菌，可减少酵母感染的产生。

（8）益生菌预防和治疗腹泻与便秘[①]。国内外有很多针对儿童和旅行者腹泻的研究。使用特定的或经临床证实的益生菌可有效地治疗和缓解各类腹泻症状。便秘的发生常常与结肠pH有关。益生菌可降低结肠pH使之偏于酸性，从而可缓解便秘。

（9）益生菌预防和治疗肠易激综合征（IBS）、炎症性肠病（IBD）。肠易激综合征又称为结肠痉挛或功能性肠病等，是常见的功能性肠道疾病，表现为腹痛或腹部不适、腹泻、便秘或腹泻便秘交替。炎症性肠病主要指溃疡性结肠炎（ulcerative colitis，UC）、克罗恩病[②]（Crohn's disease，CD）和囊炎（pouchitis）。所有这些失调或紊乱都与体内微生态系统的失衡有直接关系，可以采用合适的益生菌来进行预防、调整或治疗。

（10）益生菌预防和治疗口臭、胃溃疡。胃肠道上部的有益菌群和有害菌群的不平衡会导致口臭。慢性胃溃疡和慢性胃炎主要是由幽门螺杆菌（*Helicobacter pylori*）引起的，当摄入一定剂量的经临床证实的益生菌菌体或代谢产物时，可以保护胃黏膜并可对抗幽门螺杆菌的入侵或去除幽门螺杆菌的危害。

益生菌还有许多有益健康的功效，在此就不一一列举了，后面章节还会有较详细的说明。益生菌虽说可能有许多令人惊奇的功效，但这些不同的功效将高度依赖于"菌株的特定性（或特异性）（strain-specific）"。也就是说，通过大量和长期的临床研究证实了某个特定的益生菌菌株具有某种明

---

① 便秘是指粪便在结肠停留时间过长，使它们难以排出的症状。
② 克罗恩病指不明原因的胃肠道慢性结节性炎症，以回肠末端最为常见。

确的功能，但并不意味着其他同种益生菌的不同菌株也必有同样或相似的功能。比如，经多年科学研究和临床证实的动物双歧杆菌（又称乳双歧杆菌，*Bifidobacterium lactis*）Bb-12或HN019和副干酪乳杆菌LP33有着预防食品过敏和其他过敏症（如湿疹等）的确切功效，但这并不能说明和证实任何其他不同的乳双歧杆菌菌株和副干酪乳杆菌菌株也有着同样的功效。

第五节　为什么现代人更需要补充益生菌

既然从远古时代起，人类就有了食用含丰富或一定益生菌（常以某些乳酸菌为主）的发酵食品的经验和习惯，似乎并不需要额外补充益生菌，为什么现代人需要补充益生菌呢？主要原因如下：

（1）现代人的饮食中摄入的益生菌的数量非常少。现代的许多食品及包装并非使用纯天然的原材料，并且食品内添加了防腐剂，"垃圾"食品或快餐食品随处可见，根本无法满足人们对营养与健康食品的日益增长的需求。

（2）当代社会提倡晚婚晚育，大龄女性很多选择剖宫产且常常缺乏足够的母乳（人乳内通常含有益生菌和益生元类物质）。与自然分娩并母乳哺育的婴儿相比，剖宫产且使用配方产品喂养的婴儿，都遭受了先天性的体内健康益生菌群的破坏。

（3）城市的居住环境不够理想，环境污染严重。城市的居民用水往往都经过自来水厂的工业化技术处理，而水经过氯处理后，含氯的饮用水会损害体内益生菌的生长及其功效。

（4）现代人生活紧张、压力增大，益生菌对人体（宿主）的压力状况极为敏感。因为压力增大会改变体内激素平衡，导致体内微生物菌群失调，并伴随体内有益微生物（益生菌）数量的减少。

（5）现代人过多地使用口服类固醇药物和用于哮喘的类固醇药物等，如泼尼松（一种肾上腺皮质激素），这些都会减少人体内益生菌群的数量，

影响正常的人体机能。

（6）现代人的饮食结构不够合理。饮食中大量的精细碳水化合物和糖类会促进有害细菌和酵母的生长，且抑制有益细菌的繁殖。膳食中过多的肉类和过少的蔬菜水果会削弱益生菌的活性。植物性食品通常含有较多的益生元，它们是益生菌最喜欢的食物，益生元可显著促进益生菌在体内的繁殖和生长。与西方的饮食结构和习惯相比，亚洲或东方食品其实有不少合理之处，但不幸的是，亚洲国家人们的饮食习惯也日趋西化，而非多样化。

（7）抗生素的普及和滥用带来诸多副作用。抗生素类药物在杀死体内有害菌的同时，也会杀死体内相当数量的益生菌或有益菌群。

（8）频繁使用抗酸和其他减酸药物，会改变人体整个胃肠道的pH，不利于益生菌的生存。

（9）以口服避孕药形式被人体摄入的合成雌激素或某些激素替代物，会明显减少体内有益微生物菌群的数量。

（10）随着经济全球化和市场国际化，现代人到不同地区或世界各国出差、跨国长途旅行变得更加频繁。而各地的环境和饮食中微生物菌群的种类和数量都有所不同，因此，初到异地的人容易出现体内微生物菌群失调和发生体内益生菌群数量减少的情况，这使他们出现腹泻和水土不服等症状。

益生菌的日常摄入和适量或充足的补充已变得更加为公众所熟知，也如同补充维生素和矿物质一样，正变得更加普遍。这对人类健康的改善、体内微生物菌群平衡的调节和机体免疫力提升都极有价值。

参考文献

[1] FULLER R. Probiotics：the scientific basis[M]. London: Chapman and Hill，1992.

[2] FAO，WHO. Probiotics in food：health and nutritional properties and guidelines for evalution[M]. Rome：FAO，2006. [2020-07-13]. http：//www.fao.

org/3/a-a0512e.pdf.

[3] DOBROGOSZ W J，VERSALOVIC J. *Lactobacillus reuteri*：a unique probiotic，an immunobiotic，and an immunoprobiotic species[C]. Rome：2005 Sept. 5th Symposium "Highlight On *Lactobacillus reuteri*".

[4] DINAN T G，STANTON C，CRYAN J F. Psychobiotics：a novel class of psychotropic[J]. Biol psychiatry，2013，74（10）：720-726.

[5] 戴纪刚，张国强. 抗生素科学发展简史[J]. 中华医史杂志，1999，29（2）：3.

[6] EFSA. Guidance on the scientific requirement for health claims related to the immune system，the gastrointestinal tract and defence against pathogenic microorganisms. EFCA J，2016，14（1）：4369.

第三章 益生菌与口腔及咽喉健康

口腔是食物及口服药物进入人体循环的必经门户，它也可能成为人体健康隐患的源头。科学研究显示，牙齿的疾病与人体的整体健康息息相关。例如，口腔炎症类疾病与心血管疾病有关联，口腔炎症会增加患幽门螺杆菌感染和婴儿早产的危险等。所以，口腔健康和牙齿健康在一定程度上也反映着整个人体的健康状态和水平。

第一节 口腔微生物菌群与牙齿健康

最新研究表明，人体口腔中至少有700多种微生物（细菌等），这些微生物与人体组成了口腔微生态系。口腔链球菌是颊、硬腭黏膜最主要的正常菌群，约占培养菌总数的60%，其中以唾液链球菌最常见。在唾液中，口腔链球菌也是优势菌，亦约占培养菌总数的60%。革兰氏阳性丝状菌、棒状杆菌及放线菌也常存在唾液中。

口腔微生态系的平衡或失调与口腔的健康密切相关，口腔感染性疾病往往是口腔微生态失调的结果。健康的口腔中，每颗牙齿上大约有1000～10亿个细菌，通常每毫升唾液中可含有1亿个细菌。口腔微生态菌群的平衡能防止口腔疾病的发生和维护持续的口腔健康。健康的口腔应该有良好的菌群平衡。

在过去的几十年里，人们对口腔和牙齿的保健意识有了一定程度的提高，但龋齿仍然是一个严重的问题。变异链球菌（S. mutans）是导致龋齿的主要病菌，表兄链球菌（S. cobrinus）则是它的帮凶。龋齿的形成，是龋齿致病菌将食物中的碳水化合物发酵产生的酸以及形成的多分枝胞外多糖（葡聚糖）造成的，即葡聚糖是致病菌的黏附剂，酸腐蚀牙面，使羟基磷灰石晶体崩解，形成龋洞。有研究显示，全球至少有5%～20%的儿童患有牙齿炎症，这一病症有随年龄的增加而加剧的倾向。大部分成人都有患龋齿炎或牙周炎的经历。龋齿炎常可进一步发展为牙周炎，最终导致牙齿的损坏和丧失。目前大约40%的成人患有一定程度的牙周炎，而约10%的成人有较为严重的牙周炎。

个人口腔护理主要包括刷牙、使用牙线清洁牙齿（使用牙签剔牙是较不科学的洁牙方法）和使用一些抗菌漱口液或含叶酸的漱口液等。这些都有助于保护牙齿和口腔健康，预防龋齿炎和牙周炎。较专业的方法是求助于牙科医生，他们懂得如何清洁口腔，治疗牙周炎，以及用手术来治疗其他口腔或牙齿疾病。细菌常常会牢固地黏附在牙齿内的小孔和牙面上，大部分药物治疗法都是设法去除口腔中的细菌。据历史记载，在有食用酸奶习惯的东欧各国里，伴随着砂糖消耗量的增加，龋齿的发生并未随之增加。这也从某种意义上证明了含益生菌的奶制品有预防龋齿的效果。

目前又出现了另一种使用益生菌预防牙齿疾病的新方法。在最近进行的随机、双盲和安慰剂对照的若干临床研究中，证实使用某种特定的益生菌菌株，例如罗伊氏乳杆菌（Lactobacillus reuteri）的某个菌株，可对口腔健康

产生很好的效果。

在欧洲（瑞典）进行的某项研究中，60个患有龋齿的病人被分为三组，每组20人，分别服用安慰剂和两种不同的益生菌菌株。结果显示服用益生菌的受试者中有85%的人牙齿健康状况有所改善。大概经过两周的益生菌治疗后就会有明显的效果，若对龋齿炎进行长期的益生菌治疗，效果会更加显著。

在日本广岛牙科学院进行的另一项研究中，40名志愿者每天坚持饮用含临床证实的益生菌（罗伊氏乳杆菌）的酸奶，持续时间为两周。结果显示80%的志愿者的口腔中变异链球菌的数量明显下降。

通过实验室对20种市售发酵酸奶进行测试发现，仅有含益生菌（罗伊氏乳杆菌）的酸奶产品可明显抑制变异链球菌的增长。

1995年，默尔曼（Meurman）等所做的一项研究发现，益生菌（鼠李糖乳杆菌LGG）可在口腔黏膜定植两周，并能降低变异链球菌的数量及抑制它们在牙齿表面的吸附。另外，2001年，在赫尔辛基日托中心进行的一项研究表明，每日饮用含强化益生菌——鼠李糖乳杆菌LGG（*Lactobacillus rhamnosus*，LGG）牛奶的儿童患龋齿的概率比饮用不含益生菌牛奶的儿童低。经过7个月的持续饮用和观察，这些儿童比7个月前患龋齿的比例降低了6%；反之，服用普通牛奶（不含益生菌）的儿童在第7个月患龋齿的比例却增加了4%[1]。2002年又有研究指出，含有该益生菌的干酪对牙齿健康同样有益。

2007年的一项研究表明，老年人口腔中有酵母菌过度繁殖的问题，摄入益生菌后，可使益生菌短暂定植在口腔内，从而竞争性地排斥口腔中酵母菌的定植和生长[2]。

孕妇因怀孕而导致的激素水平变化可导致较高的患牙龈炎（gingivitis），即妊娠期牙龈炎的风险。2016年，施拉根霍夫（Schlagenhauf）等人进行了一项双盲、随机、安慰剂对照、45名患有牙龈炎的孕妇参与的临床研究。参与者在晚期妊娠（最后三个月，third trimester）时加入此试验研究，都保持原有的刷牙习惯。她们被随机提供含益生菌的Prodentis含片（Prodentis品牌益生菌由罗伊氏乳杆菌ATCC PTA5289和罗伊氏乳杆菌DSM17938所组成），每天两片，每片含2亿个活性罗伊氏乳杆菌。24名孕妇为受试组，服用益生菌含片；21名孕妇为对照组，服用不含益生菌的含片。试验效果在受试者（孕妇）生产后（大概参加此试验研究后的7周）的两天内进行评估。结果显示，与基准线（baseline）相比，受试组患牙龈炎的症状明显降低。而对照组与基准线相比没有明显变化。研究结果显示孕妇传统维护口腔健康的方法是刷牙、使用牙线和看牙医或洗牙等，使用含益生菌（罗伊氏乳杆菌）的Prodentis含片可作为一种对控制妊娠期牙龈炎有用的辅助手段[3]。

第二节　咽喉微生物菌群与健康

正常人咽喉部的微生物主要由溶血链球菌（草绿色链球菌）、奈瑟氏菌、棒状杆菌、葡萄球菌、消化链球菌和梭杆菌等组成。致病菌和条件致病菌是流感嗜血杆菌、副流感嗜血杆菌、肺炎链球菌、酿脓链球菌、金黄色葡萄球菌（*Staphylococcus aureus*）、卡他布兰汉氏菌等。

酿脓链球菌是多种炎症的病原菌，咽炎就是一个典型例子，它还能引发急性肾小球肾炎、链球菌毒素休克综合征等病症。目前在临床上暂无疫苗可用，通常使用广谱抗生素治疗。

国外市场上也出现过添加特定的唾液链球菌菌株所制成的益生菌片剂（咀嚼片或含片等），据称可起到保护咽喉和维护咽喉微生态平衡的作用。中国也有保健食品公司和制药公司尝试生产某些益生菌片剂来预防和治疗咽喉炎。但相关临床研究结果显示，这些益生菌在功效显著性方面远不如某些药物来得明显，在治疗慢性咽炎上也不如某些中药产品。

也有专家认为，如果能长期食用含高质量活性益生菌的无糖酸奶类产品，对口腔和咽喉保健可能有效。虽然暂时未有更多和更充分的临床研究来证实这一点，但食用益生菌类保健食品和膳食补充剂，对维护口腔和咽喉的正常菌群是有益的。

参考文献

[1] NÄSE L，HATAKKA K，SAVILAHT E，et al. Effect of long-term consumption of a probiotic bacterium，*Lactobacillus rhamnosus* GG，in milk on dental caries and caries risk in children[J]. Caries res，2001，35：412–420.

[2] HATAKKA K，AHOLA A J，YLI-KNUUTTILA H，et al. Probiotics reduce the prevalence of oral candida in the elderlya randomized controlled trial[J]. J dent res，2007，86：125–130.

[3] SCHLAGENHAUF U，JAKOB L，EIGENTHALER M，et al. Regular consumption of *Lactobacillus reuteri*-containing lozenges reduces pregnancy gingivitis：an RCT[J]. J clin periodontal，2016，43：948-954.

第四章 益生菌与上消化道健康

人类通过摄入各种食物和其他必要营养成分来满足机体的需要。所有这些食物和营养成分必然先经过上消化道（食道、胃、小肠等）的有效消化和吸收后，才能转化为能量，并为人体所利用。而胃肠道疾病的产生已对人类健康和生命的延续产生了严重的威胁和伤害。

第一节 益生菌帮助消除口臭和治疗胃溃疡

健康的人体为微生物菌群提供了广阔的空间和繁殖场所，它们中的大部分种类寄生在肠道中（最新发现有至少1200种）。像多数人认为的那样，若牙龈和牙齿均保持健康时，口臭源于消化道。因为当体内有益菌群的数目下降时，腐败菌可能会在上消化道内大量繁殖，使人们的呼吸出现异味，以致出现口臭。据美国明尼苏达州的达什（S. K. Dash）博士的研究，有害菌在胃肠道的过度繁殖可能导致胃溃疡和疼痛以及打嗝，这些都会妨碍人们正常

的社交生活。当用口香糖不能解决口臭问题时，可以尝试如下方法：漱洗口腔后用益生菌溶液漱口，或者将益生菌片、益生菌胶囊中的粉末含在口中，缓缓下咽。

1982年，在研究胃肠道疾病作出重大贡献且获得诺贝尔奖的两位澳大利亚科学家——巴里·马歇尔（Barry J. Marshall）教授和罗宾·沃伦（J. Robin Warren）医生，从慢性胃炎病人的胃壁和黏液层及上皮细胞中首次分离出幽门螺杆菌，并在1986年世界胃肠病学会议上，提出了幽门螺杆菌感染是造成慢性胃炎的重要原因之一。此发现被认为是革命性的，它使得数以百万计的病人受益。2005年12月10日，瑞典卡罗林斯卡学院斯塔凡·诺马克（Staffan Normark）教授为这两位诺贝尔生理学或医学奖得主颁奖，并致辞如下："拿破仑不是死于中毒，而是死于已经转化为癌症的胃溃疡；作家詹姆斯·乔伊斯由于他最后的小说《芬尼根守灵夜》不受当时社会欢迎，而悲愤绝望地死于溃疡穿孔。可见，溃疡疾病不仅侵袭名人，而且普罗大众也不能幸免于难。长久以来，溃疡疾病曾被认为是生活压力和不当饮食的结果……巴里·马歇尔和罗宾·沃伦与流行信条对立，发现人类的消化性溃疡是由胃中的细菌感染所致……先驱们的研究工作激励着我们更加热切地了解慢性感染与癌症类疾病的关联性。在此，我代表卡罗林斯卡学院诺贝尔大会向你们致以最热烈的祝贺，并且请你们从国王陛下手中领取诺贝尔奖……"

上述两位科学家的获奖也许算是众望所归的，但仍有某些专家学者质疑其结论——幽门螺杆菌是胃溃疡和胃癌的病因，认为此观点值得商榷，幽门螺杆菌是致病细菌还是生理性细菌仍不宜轻易下结论。美国首席传染病学、内科学和微生物学家布莱泽（Martin J. Blaser）教授等在这方面进行了系列的研究，他们在2005年发现一个令人惊奇的事实：由于特定的抗生素被广泛用来治疗胃溃疡等疾病（这会杀死幽门螺杆菌），使得美国等西方发达国家胃溃疡和胃癌的发病率以及幽门螺杆菌的携带率有所下降，但与此同时，食道癌的发病率却上升了。近年来世界各国的研究者们认为，幽门螺杆菌在胃内的定植实际上防止了胃食道返酸病①和食道癌的发生。胃癌是严重的疾病，而食道癌却是具有更高死亡率的疾病。幽门螺杆菌是否可以在既不引发胃癌，又防止食道癌发生的情况下定植，这将需要医学界做进一步的研究。

胃溃疡曾经被认为可采用清淡饮食和使用减酸药物来治愈，还有研究认为，哮喘、痤疮（acne）、风湿性关节炎也可能与胃酸度较低有关，抗酸剂和减酸药物（如甲氰咪胺）常作为主流的治疗药物。虽然使用这些药物治疗胃灼热和返酸病可以立即缓解不适，但随着时间的推移，问题反而会更严重。因低酸的胃环境更有利于非益生菌的定植和生长。低酸的分泌物也阻碍了重要的维生素和矿物质，包括维生素B_6、维生素B_{12}、叶酸、铁和钙等的吸收。当人们食用口味重和油腻的食物时，可能会使胃酸分泌过多，但这可通过饮食调节（例如减少摄入那些油腻或可能对人体产生不良效果的食品）而得以改善。这比使用减酸类药物的效果通常要好且安全得多。

我们在此对食道和胃内微生物菌群先做些了解。近些年的研究证实：食道内环境pH是小于4.0的，主要分布的微生物包括：拟杆菌、孪生球菌（*Gemella*）、巨球型菌（*Megasphaera*）、假单胞菌（*Pseudomonas*）、普雷沃菌（*Prevotella*）、罗斯氏菌（*Rothia*）、链球菌和韦荣氏球菌（*Veillonella*）。胃中的pH较低，平均是2.0左右，微生物浓度为10～1000个/毫升，主要分布的微生物有：链球菌、乳杆菌、普雷沃菌、肠球菌和幽门螺杆菌。

近些年的最新研究表明，胃溃疡的发生有着较复杂的成因。通常认为，大多数人体内都存在幽门螺杆菌，幽门螺杆菌是能在胃的酸性环境中定植和繁殖的细菌之一。它和胃中其他微生物，如白假丝酵母、链球菌等天然地寄居在人体内的微生物同处于一种微妙的平衡状态之中，我们称其为"动态恒稳态"。一旦平衡被打破，就可能引起相关疾病的发生。在人体整个胃肠道

---

　　① 胃食道返酸病指来自胃部的酸液上溢进入食管的一种病况。此病源于胃中产酸较少，而非太多。

的微生态系统处于平衡时，这种细菌不会产生危害。

据目前的科研数据与调查结果显示，幽门螺杆菌的感染导致了约90%的十二指肠溃疡和超过80%的胃溃疡的发生。这进而与胃癌的高发生率有关。消化性溃疡每年影响的患者超过400万人次，并导致患者在一年中平均约有6天不能正常工作。消化性溃疡通常表现为上腹部疼痛和感到反胃、恶心。十二指肠溃疡的发病率比胃溃疡更高，且会有进一步恶化的危险。现在，已有不少新方法来治疗幽门螺杆菌感染。常用的药物治疗是使用3～4种抗生素，但这会使得那些已经感染幽门螺杆菌的患者合并酵母感染。幽门螺杆菌和白假丝酵母之间有一定的协同关系，酵母可帮助幽门螺杆菌对抗抗生素。因此，在使用抗生素治疗的过程中，杀死和去除体内有害菌的同时，也破坏了胃肠道环境并使其更有利于病原微生物的过度繁殖。这时，益生菌可用作药物治疗（特别是抗生素治疗）后的辅助治疗，它的功效在于减轻药物治疗的副作用，但单纯使用益生菌并不能完全治愈胃溃疡[1]。

2002年，美国得克萨斯州立大学安德森癌症研究中心使用和评价了一种用于民间传统疗法的开菲尔酸奶。在体外试验中，它被证实能杀死幽门螺杆菌。此开菲尔酸奶含有两种酵母和几种乳杆菌，它们均可对幽门螺杆菌产生抗菌活性。研究者认为，这些酸奶中的微生物分泌了可杀死幽门螺杆菌的可溶性物质或因子，这些物质或因子可能包括发酵过程中产生的一些有机副产物。在某些国家，这类酸奶食品被视作一种既简便又省钱的抑制幽门螺杆菌感染的治疗手段。

2005年3月，一项关于用益生菌（罗伊氏乳杆菌）治疗幽门螺杆菌感染的研究显示，罗伊氏乳杆菌是一种可产生特殊抗菌物质——罗伊氏菌素（reuterin）的新型益生菌。罗伊氏菌素是通过丙三醇代谢产生的。罗伊氏乳杆菌可在胃组织检查中被发现，并显示出很好的活性。此研究中的实验对象为30名年龄介于25～56岁的患者，他们普遍有较严重的消化不良，并且通过医学检查（如内窥镜检测法和组织切片测试等）确诊感染了幽门螺杆菌。

研究中使用了奥美拉唑①结合益生菌的治疗方案，即让受试组在每天的早餐和晚餐前服用一定剂量的益生菌和奥美拉唑。结果显示，患者经连续30天的治疗后，其中约有60%的（即18名）患者显示出体内幽门螺杆菌感染症状已经消失。而单独使用奥美拉唑来治疗的对照组，其患者体内幽门螺杆菌感染状况并没有明显好转。此项研究证实了该益生菌可有效地跟幽门螺杆菌进行占位竞争，从而抑制和去除体内的幽门螺杆菌，减轻或消除其对人体可能造成的损害。

　　人体胃内的环境是强酸性的，平均pH约为2.0，介于1.0～3.0之间。大部分的细菌（无论好坏）都不易在胃中较长时间存活。只有那些经过严格选择且耐酸性能优良的益生菌菌株，才可能经受住胃部酸性环境的考验，在胃内存活并进入小肠，继续它们的"肠内旅行"或在肠内定植。目前各国的科研成果已证实还有其他若干益生菌菌株及其代谢产物可抑制或杀死幽门螺杆菌。例如干酪乳杆菌Shirota、约氏乳杆菌La1（*L. johnsonii* La1）、格氏乳杆菌La1 K7（*L. gasseri* K7）、嗜酸乳杆菌IBB801等等。其中约氏乳杆菌La1对幽门螺杆菌的作用较强，一般接种4小时后，即可使胃中幽门螺杆菌的存活数量下降两个数量级（即100倍）。约氏乳杆菌La1在上述不同菌株中表现出了最强的抑制作用，据推论，它产生的物质是对幽门螺杆菌有强烈抗菌活性的多肽，类似于天然抗生素的效果。某些由专业益生菌厂家生产的用于胃肠道消化的天然酶制剂产品，也可有助于食物在体内的完全降解，维护胃肠道健康。

　　2014年，一项使用罗伊氏乳杆菌17648（死菌）来显著地减少幽门螺杆菌的研究发现：该罗伊氏乳杆菌摄入人体后，能在胃里与不同幽门螺杆菌菌株（如DSM21031等）相结合，黏合在一起产生"共同聚集（co-aggregation）"现象。进而起到显著减少幽门螺杆菌在胃里的数量的作用。

---

　　①　奥美拉唑是一种胃酸分泌抑制剂，用于胃食道返酸病和幽门螺杆菌相关的胃溃疡等疾病的治疗。

与此同时，共同聚集并没有干涉人体内共生的肠道菌群的其他细菌。此研究揭示了使用罗伊氏乳杆菌17648也许能够避免使用抗生素和对抗在幽门螺杆菌感染时产生的耐药性，并可作为一种食品活性配料或医疗手段去治疗幽门螺杆菌引起的胃部疾病[2]。

第二节　益生菌防止肠渗漏综合征和食品过敏

据研究者发现，人体对营养物质的消化吸收主要是在小肠中进行的。小肠就好像一条长约6米的窄窄的管子，它与那些专门吸收营养物质并进入血液的组织紧密相连，从而使营养成分进一步被输送到人体所需的各个部位。小肠壁由内到外分为黏膜层、黏膜下层、肌层和浆膜层。小肠内表面的黏膜层作为天然的生理和免疫屏障层，能防止潜在的细菌和有害物质进入循环系统。益生菌也是此屏障层的重要成分之一。小肠中的pH为5.0～7.0，其中的空肠和回肠的微生物浓度约在10^4～10^7个/毫升，主要分布的微生物有：拟杆菌、链球菌、乳杆菌、普雷沃菌、肠球菌、梭状杆菌等。肠道黏膜的深层主要可定植双歧杆菌和厌氧的乳杆菌，中层是拟杆菌、消化链球菌等，表层是需氧的大肠杆菌和肠球菌。深层的菌群紧贴着黏膜表面，称为膜菌群，又称为原籍菌群（autochthonous）。表层的菌群主要在肠腔中，可游动，称为外籍菌群。定居在肠道内的正常菌群吸附在肠道黏膜上，使外来菌无吸附之处而被排出。例如双歧杆菌占据肠黏膜上皮细胞的表面，就阻止了致病菌的入侵。在日常饮食中，不当的膳食组成和搭配，会改变小肠内正常有益菌群（益生菌等）和有害菌群之间的平衡。一旦有害菌增殖较快或食物在小肠内的滞留时间过长，就有可能损害肠道内壁或引起潜伏的炎症。

两个细胞之间的结点称为桥粒。正常情况下，桥粒紧密相连且不允许大分子物质通过。当它受到刺激或发生炎症时，结点变松，使得大分子物质易于通过。菌群失衡通常也会使小肠内壁层张开和形成"孔洞"、缝隙，进而导致肠道渗漏性增加（俗称肠渗漏综合征）。当原本无法透过肠内壁进入血液的大分子物质变得可以通过时，免疫系统把它们看作异物并进行攻击，从而导致炎症，并表现为食物过敏症状。肠道的菌群失调会加速有害细菌产生毒素，毒素反过来又在肠道内创造更多的"孔洞"。当肠黏膜进一步受损时，更大的物质如致病菌、毒素等就可进入血液循环，激活抗体，免疫系统将不得不与之在血液中进行激烈的"斗争"。致病菌和毒素若通过渗漏的肠黏膜层，就会进一步扩大和加剧全身性的炎症。导致肠渗漏综合征的原因是多方面的，使用某些非类固醇类的抗炎药物，如阿司匹林，往往可能使肠渗漏的状况恶化。有研究表明酗酒也与肠渗漏的发生有关，约有30%的酗酒者可能患上肝硬化等疾病。美国伊利诺伊州的芝加哥洛约拉（Loyola）大学医学院胃肠病系的科研人员认为，由酒精诱导产生的肝损伤部分是由肠渗漏引起的。还有其他情况也可能会导致并加重炎症。例如，摄入过多含咖啡因的饮料，食用被有害菌或寄生虫污染的食物，以及饮食组成中含大量精细的碳水化合物（糖和加工面粉），等等。

如果没有肠渗漏现象的出现，过敏症和食品过敏的情况很少会发生。当小肠发生感染时，通常并发肠渗漏综合征，但不易被诊断出。常见的过敏性食品有鸡蛋、牛奶、花生、豆类、小麦、芝麻等，也有一些人对芹菜、芥菜、牛肉、猪肉等过敏。

目前的研究认为，下列诸多病症通常或多或少地与食品过敏有关：肠易激综合征，炎症性肠病（结肠炎等），便秘，腹泻，膀胱、尿道、阴道感染，免疫功能低下导致的反复感染，哮喘，痤疮，皮疹，湿疹，麻疹，抑郁症，焦虑不安，精神错乱，失眠，风湿性关节炎，关节强硬性脊椎炎，慢性疲劳，头痛，偏头痛，窦炎，低血糖，等等。

目前，世界上已有多个经临床证实并具有较好预防食品过敏效果的益生菌菌株（主要来自乳杆菌和双歧杆菌两大属类），它们常被添加于各种益生菌食品（如酸奶等）、膳食补充剂和营养保健食品中并在全球市场上销售。

第三节　益生菌帮助预防和治疗酵母感染

酵母天然地寄居在人体的微生态系统中，尤其在肠道、阴道和尿道中。其中，白假丝酵母与有益菌群有此消彼长的关系。当有益菌群变得稀少时，由于抗生素、类固醇类药物、口服避孕药或非类固醇类的抗炎药物等的使用，酵母可能从良性转换成恶性。这与许多肠渗漏综合征的发生有关。此时酵母有可能扩展到全身，导致系统性酵母感染，或白假丝酵母感染。酵母感染的部位可能在人体的口腔、咽喉、阴道、尿道、皮肤或指甲等部位。

一般来说，医药界都相信白假丝酵母感染仅影响严重免疫力低下的人群（例如艾滋病患者或正在进行化疗的患者）。但某些营养保健领域并推崇自然医学的专家却认为，白假丝酵母的过度生长很大程度上来源于抗生素和口服避孕药的广泛与过度使用。已经有令人信服的科学证据表明，当人们患有反复的阴道酵母感染、膀胱炎、尿道感染、湿疹、牛皮癣、口疮等病症时，可能需通过以下措施来改善和解决酵母感染。

（1）通过膳食调节。例如，日常饮食中不摄入糖类和精制的碳水化合物食物（蛋糕、饼干、意大利面等）有助于改善酵母感染的症状；少食某些发酵食品（包括啤酒、酒、干酪、醋、酸奶油、黄油牛奶、豆腐、酱油等）和蘑菇等。

（2）使用抗真菌药物，如制霉菌素等。当服用抗真菌药物时，体内的益生菌也同时被杀死，所以仍需每日摄入较高剂量（100亿～200亿个活菌或以上）的经临床证实的益生菌（补充剂）来保持肠内的微生态菌群平衡。同时，辅之以 B 族维生素、生物素等维生素类物质会有更好的效果。

总之，在整个人体健康中，上消化道健康扮演着极为关键的角色。肠渗漏现象可能会导致人体全身性的慢性炎症、过敏症、哮喘和自动免疫疾病。特定的益生菌菌株（活菌或死菌）均可加强并保护肠内黏膜层，从而在维护肠道黏膜层的完整性、调节肠道微生态平衡和免疫系统方面起着积极的作用。

参考文献

[1] VALEUR N，ENGEL P，CARBAJAL N，et al. Colonization and immunomodulation by *Lactobacillus reuteri* ATCC55730 in the human gastro-intestinal tract[J]. Apply environ microbiol，2004，70：1176-1181.

[2] HOLZ C，BUSJAHN A，MEHLING H，et al. Significant reduction in *Helicobacter pylori* load in humans with non-viable *Lactobacillus reuteri* DSM17648：a pilot study[J]. Probiotics and antimicrobial proteins，2015，7（2）：91-100.

第五章　益生菌与结肠健康

自19世纪末起，人们普遍认同梅契尼科夫的观点——即老年人的疾病可能源于"自体中毒"。"自体中毒"是指当来自结肠的废物和毒素渗入血液和循环系统时，会毒害全身并逐渐导致各种慢性疾病。因此，结肠内环境的清理和健康对人体疾病的预防和治疗至关重要。通过经常性地补充含益生菌的食品、保健食品和膳食补充剂，乃至活菌药物，可有效地降低肠道炎症（甚至结肠癌）的发生率。不少顺势疗法和自然医学的支持者也同样坚持认为，人体所处的健康状态的优劣程度，高度依赖于人体结肠的健康状况。

第一节　结肠微生物菌群组成与益生菌在结肠中的作用

结肠是指从盲肠到直肠的大肠部分。它通常长1～1.5米，直径约6厘米。结肠在营养成分的吸收和激素产生的过程中，扮演着复杂的角色。它的功能主要是从食糜中吸收水分和剩余的营养成分，并形成粪便（粪便中活的或死的细菌占1/3，其余2/3是水、未经消化的纤维素和食物残渣）。结肠内有超过1000种细菌定植其中。有益菌种类繁多且浓度较高（通常为1亿～1000亿个/毫升），常见的有拟杆菌、梭菌、乳杆菌、双歧杆菌等。有时也有少量的有害菌，如梭状芽孢杆菌（*Clostridium*）和沙门氏菌，它们可在健康的人体内成活，但停留时间不长。

益生菌可抑制病原微生物在整个胃肠道内的生长，并可通过以下三种方式来清除有害菌：其一，细菌素（bacteriocin）[①]的产生，如嗜酸乳杆菌可产生嗜酸乳杆菌素（acidophilin），这可杀死有害的大肠杆菌、葡萄球菌、链球菌等。其二，乳酸的产生，它创造了一个不利于有害菌生长的酸性环境。其三，过氧化氢的生成，这可防止外界有害细菌的入侵。

结肠中的益生菌通过分解破碎复杂的分子而完成最后的消化过程，这些分子不能在胃肠道中的其他部位被分解。电解液和水亦可通过结肠壁被重新吸收。人体器官所需的某些维生素、矿物质和辅助营养成分等均可由益生菌产生。某些氨基酸（精氨酸、半胱氨酸、谷氨酸）和 B族维生素、抗氧剂和维生素K（维生素K_1、维生素K_2）等都是由结肠中的肠道细菌制造生成的。益生菌可分解某些纤维成为短链的脂肪酸，比如丁酸、丙酸、乙酸和戊酸等。丁酸可直接被结肠壁细胞所利用。进入到结肠的胆固醇可用于制造类固醇激素，它们可通过结肠壁返回循环系统，这对降低人体内的胆固醇水平颇有裨益。人体的雌激素水平也受结肠内细菌种类和数量的影响，当体内酶的活性下降时，血液中雌激素的水平也相应降低。这预示着结肠菌群失调可能与雌激素相关疾病（包括骨质疏松症和乳腺癌）有关。

---

① 细菌素是可专一性地杀死有害细菌并起到类似抗生素作用的物质。

第二节　益生菌与肠易激综合证和炎症性肠病

当人们日常饮食中已经摄入了足够的膳食纤维和液态食物，即胃肠道的生理状态处于平衡时，排泄的大便通常是较软（不是过软）且易于排出的。反之，当内部微生态平衡失调时，会导致便秘或腹泻。结肠中益生菌数量的不足还可导致产气、肠胃气胀、胃胀，这些症状都属于肠易激综合征。患肠易激综合征的人，有的表现为长期便秘，有的会表现为长期腹泻。一些用于治疗腹泻的药物通常具有使肠道蠕动放慢或使大便固化成型的作用。这类药物可能见效较快但存在问题，因为某些病原菌和其他有毒物质可能仍残留在体内。肠易激综合征并不是单一因素引起的，它的病因很多，如食物过敏、应激（手术外伤等）、乳糖不耐症、感染、营养吸收不良、情绪变化、环境因素、艾滋病、激素代谢失调等。对于这种胃肠不适，目前主流医学尚不能完全解释且不能用药物彻底治愈。多项研究显示，肠易激综合征患者与健康的对照人群相比，他们的肠内菌群较不平衡，乳杆菌和双歧杆菌的数量较低。在瑞典进行的一项研究证实，6名肠易激综合征患者通过连续4周、每天服用一定剂量的益生菌——植物乳杆菌299v（*Lactobacillus plantarum* 299v）进行治疗后，他们的产气和腹痛症状明显减弱，胃肠道功能得到改善。还有其他的研究显示，患有肠易激综合征的一些患者使用了包括益生菌在内的自然生物疗法后，竟令人惊奇地痊愈了。

炎症性肠病是指消化道的炎症，临床表现为腹痛、脓血样大便、肠痉挛、有下坠感等症状。炎症性肠病被认为是肠道内某个部位发生异常的或不受控制的免疫应答（响应）所致。该病的病因目前不明。最常见的炎症性肠病是溃疡性结肠炎和克罗恩病。使用抗炎药、抗生素或类固醇类药物有时对患者是有效的，但并不能完全治愈且可能带来一定的副作用。与那些没有患胃肠道炎症的人群相比较，溃疡性结肠炎和克罗恩病患者患结肠癌的概率会增加约20倍。美国北卡罗来纳大学研究人员发现，在动物（鼠）模型的研究中，鼠李糖乳杆菌LGG可用于预防结肠炎的复发。另一项研究是在特定的无菌和无病原细菌环境中使用了缺乏白细胞介素-10（interleukin IL-10）[①]的小鼠，当小鼠被转移到此特定的无病原细菌环境前，使用植物乳杆菌299v并使之定植在胃肠道内，结果减弱了小鼠原有的结肠炎症状。当此植物乳杆菌是动物体内唯一的细菌时，只引起了微弱的免疫应答。研究结果还论证了植物乳杆菌299v能减弱免疫介导的结肠炎症状，并具有在临床上使用此类益生菌制剂治疗炎症性肠病的潜在可能性。

某国外制药公司在欧洲和北美市场上已推出了一种复合益生菌产品（VSL#3），用来治疗炎症性肠病。该产品在美国曾被看作是医用食品，但在欧洲仍视为食品补充剂。该产品为长双歧杆菌DSM24756、短双歧杆菌DSM4732、长双歧杆菌婴儿亚种DSM 24737、嗜酸乳杆菌DSM24735、副干酪乳杆菌DSM24733、瑞士乳杆菌（*L. helveticus*）DSM4734或称为保加利亚乳杆菌德氏亚种、植物乳杆菌DSM24730和嗜热链球菌DSM24731等八种益生菌菌株的组合，产品的总活菌数高达4500亿个/袋（每袋重约4.4克），对病人症状的改善有一定的效果[1,2]。

第三节　不同的益生菌用于缓解和治疗腹泻

当人体试图使有害物质或食物加快在肠道内移动，或者使病原细菌迅速排出体外时，就会出现腹泻现象。即在足够的水分和电解液被吸收前，有害菌刺激结肠去除内容物，这使得排出的大便表现为过于松软或很稀。

不少长途旅行者通常会发生这样的尴尬场面：因为腹泻，在旅行过程中，他们不得不匆忙而频繁地去洗手间。这是一种由非病原细菌或不适应的肠道菌群引起的症状。若在旅行中服用适量的益生菌，状况会改善很多，发

---

① 白细胞介素-10是一种抗炎症的细胞因子。

生旅行者腹泻的概率会大幅度下降。

益生菌（例如膳食补充剂类产品）可用于缓解由轮状病毒引起的腹泻。益生菌可降低轮状病毒的发作并增加免疫蛋白IgA的分泌。IgA是一种与改善和治疗轮状病毒感染相关的抗体。2001年，在一篇题为《在小猪模型中用乳双歧杆菌HN019来治疗和减轻由轮状病毒和大肠杆菌引起的腹泻》的文章中考察了喂养益生菌的幼畜抵抗腹泻的保护效果。实验中把17头小猪分成两组，受试组口服乳双歧杆菌（每头猪每天10亿个活菌）；对照组不接受益生菌治疗。一周后，小猪被分别关入栏中并断绝膳食（断奶）。接下来，腹泻病在两组动物中都得到了控制。研究还评估了小猪的体重变化，另外，还收集了血液和粪便样品用来测量系统和胃肠道免疫活性。得出的结果是，同对照组相比，受试组的小猪的腹泻程度较轻，并维持了较高的喂养效率、较高的白细胞噬菌活性和T-淋巴细胞增殖反应，且粪便中的轮状病毒和大肠杆菌浓度较低。进而得出结论，乳双歧杆菌HN019通过提升免疫调节机制，从而减轻了由轮状病毒和大肠杆菌引起的腹泻的严重程度。此项研究同时表明，补充益生菌可能是预防和治疗人类婴儿腹泻的有效方式之一。

有些腹泻的发生是由抗生素的副作用或肠道感染所引起的，这种腹泻常被称为抗生素相关性腹泻（antibiotic associated diarrhea，AAD），又称伪膜性肠炎。通常来说，使用抗生素是导致病原菌——艰难梭状芽孢杆菌（*Clostridium difficile*）反复感染的主要原因。艰难梭状芽孢杆菌会产生两种类型的毒素：毒素A和毒素B，它们可引起黏膜损伤和结肠炎症。大量的研究表明，使用益生菌补充剂或含活性益生菌的酸奶制品可改善结肠中的菌群平衡，并缓解抗生素相关性腹泻。有研究报告证实，服用鼠李糖乳杆菌LGG可减少腹泻次数和缩短腹泻周期，从而改善腹泻。也有研究者使用其他特定的益生菌，如两歧双歧杆菌等，添加在奶粉中给腹泻婴儿服用，随后检测了益生菌改善腹泻程度的有效性，同样得到了很好的效果。

除了双歧杆菌和乳杆菌对各类腹泻有较好的预防和治疗效果外，还有一种被称为布拉迪（或译作博拉德）酵母的益生菌也有类似的功效。布拉迪酵母是来自中南半岛荔枝果实中的一种耐热性酵母。它适合在较高的温度（如37℃）中生长。药物动力学研究显示，经口服摄入该益生菌的三天内，它就可在结肠内保持稳定的浓度。中止服用后的2～5天内，仍可在大便中检测出。与其他细菌性生物治疗剂（活菌药物）相比，它对抗生素有着天然的抵抗力，但可被抗真菌药物（如制霉菌素）所去除。经论证，布拉迪酵母和抗生素联合使用的效果远优于单独使用抗生素。布拉迪酵母目前被确认可有效缓解抗生素相关性腹泻。在若干动物模型中还显示，布拉迪酵母对艰难梭状芽孢杆菌引起的结肠炎有防护效果，这些人体外的研究也论证了布拉迪酵母可产生抗菌物质（蛋白质和蛋白酶）。另外，布拉迪酵母可对肠道黏膜直接起作用，特别是激活某些酶的活性和增加人体（宿主）肠道的黏膜免疫应答，从而产生了保护宿主对抗各种腹泻病原体的机制[3]。

结（直）肠癌与人体内共生菌群的关联在过去数十年内也颇受争议和质疑。2013年，有研究分析结（直）肠癌患者的粪便来识别肠道细菌及代谢产物，并以健康人群作为对照来探讨微生物可能对患者病情发展的影响。研究发现，健康人群的粪便中，微生物菌群（与胃肠道中微生物菌群一致）的细菌种类较多，拟杆菌（包括*Bacteroides finegoldii*和*Bacteroides intestinalis*）含量较高（约为1.27%），在患者的粪便中，同种拟杆菌菌株含量较低（约为0.48%）；健康人群胃肠道菌群中的普雷沃菌（包括*Prevotella copri*和*Prevotella oris*）含量很高（约为5.93%），而结（直）肠癌患者胃肠道内中则几乎没有检出；短链脂肪酸（SCFA），特别是作为微生物代谢产物被广泛研究的丁酸，很容易被人体吸收并被人体组织所利用，且具有一定的抗肿瘤发生的效果[4]。

总之，目前研究中用于缓解和治疗腹泻的常见益生菌有鼠李糖乳杆菌、嗜酸乳杆菌、长双歧杆菌、动物双歧杆菌（乳双歧杆菌）、两歧双歧杆菌、布拉迪酵母等。益生菌的保护和治疗机制仍然是与有害菌竞争营养成分，分

泌抗菌物质，通过形成短链脂肪酸来降低肠道pH，减弱毒素的产生，缓解毒性，以及提高免疫力。

肠道内正常的微生物菌群和益生菌在结肠中扮演着多种重要的角色。它们不仅维护着结肠内的微生态和微生物菌群平衡，还对腹泻、便秘、肠易激综合征、炎症性肠病和结（直）肠癌等的预防和治疗有积极作用。简言之，人体健康与结肠健康密不可分。

参考文献

[1] DE ANGELIS M，RIZZELLO C G，FASANO A，et al. VSL#3 probiotic preparation has the capacity to hydrolyze gliadin polypetides responsible for Celiac Sprue probiotics and gluten intolerance[J]. Biochim biophys acta，2006，1762：80-93.

[2] DE RIDDER L，WATERMAN M，TURNER D，et al. Use of biosimilars in paediatric inflammatory bowel disease：a position statement of the ESPGHAN paediatric IBD Porto Group[J]. J pediatr gastroenterol nutr，2015，61：503-508.

[3] CZERUCKA D. Patrick rampal experimental effects of *Saccharomyces boulardii* on diarrheal pathogens[J]. Microbes and infection，2002，4：733-739.

[4] WEIR T L，MANTER D K，SHEFLIN A M，Et al. Stool microbiome and metabolome differences between colorectal cancer patients and healthy adults[J]. PLoS ONE，2013，8（8），e70803.

第六章　益生菌与免疫系统

人体肠道微生物菌群和益生菌、肠道微生态和免疫已成为当今全球医学营养和生命科学的研究重点。

免疫学通常被认为是生命科学中高端而独立的学科。早期的免疫学属于微生物学的分支，主要研究机体对病原微生物的免疫力。目前免疫学已成为生命科学的前沿学科和支柱学科之一，推动着生物医药领域的发展，并有效促进了生物技术及其相关产业的建立和发展。仅在1901—1997年的近100年间，获得诺贝尔生理学或医学奖的微生物和免疫学家就有40多位。其中因发现细胞吞噬作用，提出细胞免疫学说的梅契尼科夫提出的益生菌有益健康的理论备受推崇。

第一节　免疫学相关的概念、免疫系统的功能

在讨论有关微生物和免疫的关系之前，首先介绍和解释部分与免疫学相

关的概念和常见术语。

（1）抗原（antigen，Ag）：指能引起某一特定的免疫应答并能与应答产物（例如某一特定抗体或致敏淋巴细胞）发生作用的物质。

（2）抗体（antibody，Ab）：指在机体免疫系统中受到某一特定抗原刺激时产生的免疫球蛋白（immunoglobulin，Ig），此蛋白能与抗原特异性结合，产生各种生理性作用。抗体根据不同的作用模式分为：凝集素（agglutinin）、溶菌素（bacteriolysin）、溶血素（hemolysin）、调理素（opsonin）和沉淀素（precipitin）等。

（3）细胞因子（cytokine）：指由多种细胞分泌的小分子蛋白质的总称，具有调节细胞生长、参与免疫应答及炎症反应等功能。根据其功能主要分为：白细胞介素（interleukin，IL）、干扰素（interferon，IFN）、肿瘤坏死因子（tumor necrosis factor，TNF）、集落刺激因子（colony stimulating factor，CSF）、转化生长因子β（transforming growth factor–β，TGF–β）、趋化性细胞因子（chemokine），以及其他生长因子。

（4）免疫应答（响应）（immune response，Ir）：指机体免疫系统受抗原刺激后，淋巴细胞特异性识别抗原，发生活化、增殖、分化或凋亡，进而表现出一定的生物学效应的全过程。

（5）B淋巴细胞（B lymphocyte，B cell）：简称B细胞，由哺乳动物或鸟类法氏囊（bursa）中的淋巴前体细胞衍生分化而来。B细胞是体内产生抗体（免疫球蛋白）的细胞，并具抗原呈递功能。

（6）自然杀伤细胞（natural killer cell，NK cell）：又称大颗粒淋巴细胞，自然杀伤细胞无须抗原预先致敏即可识别和直接杀伤某些异常细胞（包括肿瘤细胞和病毒感染的细胞）。

（7）T淋巴细胞（T lymphocyte，T cell）：简称T细胞，参与多样的细胞介导的免疫反应。骨髓中的淋巴样前体细胞（lymphoid precursor）必须进入胸腺（thymus），经历系列有序的分化，发育为成熟T细胞，并离开胸腺进入外周免疫器官或外周血中。

（8）超敏反应（hypersensitivity）：指机体再次接触相同抗原时，发生以生理功能紊乱或组织细胞损伤为表现的特异性免疫应答。引起超敏反应的抗原又称变应原（allergen）。

免疫系统是有机体长期进化而成的，具有高度的复性并可高效地对抗和防御病原体与抗原的生理系统。从新生儿降临到这个世界的那一刻起，身体就开始建立起自己的抵抗微生物侵袭的系统。抗体、细胞因子、巨噬细胞（macrophage）、吞噬细胞（phagocyte）和无数的其他类型的免疫细胞及分子不断地形成一道保护人体并抵抗那些可能致病的生物体的屏障。这些细胞和分子主要由骨髓、胸腺和脾脏产生[1]。

今天，因为有了抗生素和其他多样的药物，更好的医院和医疗条件，更全面的卫生条件，如充足的食品、清洁的饮用水、完善的废水处理系统和更清洁的居住环境等，人类对曾经威胁生命的感染性疾病的担忧已大大减少了。疫苗的发明和使用（尤其是某些针对儿童的疫苗），使得人类对几种有巨大危害的疾病有了可靠的预防手段。但是威胁健康的公共卫生问题依然严峻。对抗生素和预防接种的过度使用可能导致人类免疫功能紊乱。免疫功能的缺陷可能会带来灾难性的后果，这并非只是指那些缺乏免疫力的人群，也包括具有过度免疫力的人群，这会使人体产生过敏反应，如哮喘和自身免疫疾病。癌细胞存在于每个人的身体内，在理想的情况下，人体的免疫系统能在它们萌生时或扩散前将其清除掉。然而当免疫功能达不到标准水平时，癌细胞就有可能占据主导地位并对人体产生难以估量的危害。

第二节　益生菌减少抗生素需求和提升免疫功能

抗生素滥用是一个全球性的问题。过去的几十年里，医生给病人开出了过多的抗生素，抗生素还被广泛用于畜牧业来加速牲畜生长和增加牲畜的体重。

为了快速地治愈某些疾病，人们长期地使用抗生素药物，而抗生素药物会不加选择地杀死"好"细菌和"坏"细菌。当停止使用药物时，"好"细菌的死亡会使耐抗生素的"坏"细菌大行其道，这些有害菌在肠道中自由自在地繁殖，将导致腹泻及其他多种胃肠道感染。

世界卫生组织早就建议，应控制抗生素在医疗和畜牧等方面的使用。抗生素的过度使用已是全球医药科技界的共识。医生应在开处方时减少使用抗生素，并应用不同的益生菌来帮助人们对抗感染，特别是那些可能影响胃肠道和黏膜的感染，以及膀胱、尿道、阴道和呼吸道等的感染。1994年，世界卫生组织还建议，当抗生素不起作用时，益生菌可在辅助治疗时使用。益生菌可与有害菌竞争营养物质，产生抗毒素物质（细菌素等），调节免疫系统，增加与抵抗有害菌相关的肠道内基因的活性等。经过全球科学家的长年临床研究，益生菌对免疫系统的平衡和调节作用已得到充分证实。过去这些研究常以日常食用的发酵乳（酸奶、益生菌饮品等）为研究对象。另有理论认为，牛奶发酵过程中所使用的乳酸菌或益生菌生长代谢过程中产生的某些物质，亦具有一定的提升免疫功能的特性。

第三节　益生菌提高免疫细胞活性与抗体的生成

白细胞由一群免疫细胞组成，包括中性粒细胞（neutrophils）、嗜酸细胞、嗜碱性粒细胞（basophils）、单核细胞（monocyte）和淋巴细胞（lymphocyte）等。淋巴细胞由 B细胞和 T细胞组成，并以体液（抗体）介导或细胞介导两种方式来有效地抵御外来微生物的入侵，通过炎症反应吞噬和消化有潜在危害的病原体。益生菌可提高白细胞吞噬和消化病原体的能力。摄入含益生菌的酸奶的动物实验表明，吞噬细胞和淋巴细胞的活性在三天内均会提高，巨噬细胞的活性也会因益生菌的补充而提高。加拿大某大学的研究显示，给小白鼠常规地喂养含某种瑞士乳杆菌的发酵牛奶，它们胃肠道中巨噬细胞的活性在一周内明显提高。另一项来自澳大利亚的研究也表明，四种常规的乳杆菌菌株均能促进淋巴细胞的产生。

在瑞典哥德堡Sahlgrenska医院进行的一项针对59名健康人的研究中，受试者服用了含植物乳杆菌299v的产品，历时5周，结果显示对抗疾病的白细胞明显增加（以前用来防治Ⅰ型糖尿病）。市场上已出现了含这类经临床证实的益生菌菌株的健康食品和膳食补充剂。新西兰梅斯大学的吉尔（Gill）教授等人研究了在老年人膳食中加入益生菌（鼠李糖乳杆菌 HN001）对自然杀伤细胞活性的影响。其实验结果显示，在服用了该益生菌三周后，自然杀伤细胞的杀肿瘤细胞活性在男性和女性研究对象中都有显著增强。当不再服用该益生菌（补充剂）后，反应性降低到与基线值区别不大的水平。因此，老年人服用该鼠李糖乳杆菌的膳食补充剂能够提高细胞的免疫功能。其他研究者（例如 Sheih等）的报告中也阐述了类似的效果。此外，服用该鼠李糖乳杆菌引起的自然杀伤细胞机能的相对增长和年龄也有关。大多数70岁以上的老年人的自然杀伤细胞的机能受到抑制。研究观察到，在服用该鼠李糖乳杆菌后，这一组人中自然杀伤细胞的机能增长最大。自然免疫力的另一个重要指标是指由特殊白细胞所担负的对外来物的噬菌活性（作用）。科研人员调查了膳食中此益生菌的补充对多形核白细胞（PMN）活性以及单核吞噬细胞（单粒细胞）活性的影响。结果显示，服用此益生菌后，多形核白细胞活性以及单核吞噬细胞（单粒细胞）的噬菌活性均有显著提高[2]。

抗体是由免疫细胞——B细胞产生的特殊蛋白质。B细胞负责识别潜在的危险抗原。一旦它们识别这些抗原，就会对这些抗原"标记"上抗体，从而促进和协助其他类型的免疫细胞识别和消灭病原微生物。抗体作为一种免疫球蛋白可分为IgA、IgG、IgM、IgD和IgE几大类。动物和体外实验均显示，益生菌可增强体内产生IgA和IgG的能力。乳杆菌在对轮状病毒疫苗的反应中可提升机体生成IgM的能力。另一研究也表明，使用同一益生菌，对接种伤寒疫苗的抗体反应也提高了。益生菌的效果可能是增加了细菌对肠道

内壁的附着与定植，从而激活此处的抗体产生。促进抗体的生成意味着人体得病的概率小了，因为在致病细菌起作用前，人体可针对它们进行攻击并消除之。

第四节　益生菌提升细胞因子和其他免疫标记物的表达

　　益生菌能促进细胞因子的产生。细胞因子是一些类似激素的信息小蛋白物质，用于促进免疫细胞彼此的沟通。细胞因子由免疫系统产生并激活免疫系统，进而活化某些免疫细胞去抑制病原体。白细胞介素是其中的独特的细胞因子，它们负责沟通免疫细胞和神经系统的细胞。它们使机体免疫力与人的意念和情绪间建立起直接联系。这也解释了为什么在强大压力下工作的人易于感冒；为什么人们得病时可能有非常强烈的情绪反应；为什么对免疫系统进攻癌细胞的想象会有加强免疫系统防御癌症的效果。某些细胞因子如白细胞介素–10等在维护免疫系统的平衡中扮演着关键的角色。当免疫系统反应过强以致危害或伤及自身时，细胞因子会发出信号使免疫反应减弱。益生菌可以提升白细胞介素–10的活性，从而起到精细调节平衡的作用。某些乳杆菌被认为是白细胞介素–12的强有力的激活剂，它们通过与肠道的上皮细胞层和肠道免疫系统的细胞的相互作用，促进细胞介导的免疫性的提高。

　　细胞因子表达的类型可能改变免疫系统朝向Th[①]1类型的免疫应答，这种免疫应答扮演的角色往往与预防肿瘤，抵抗细菌、病毒感染和抗过敏反应有关[3]。

　　体外试验也显示益生菌（嗜酸乳杆菌NCFM）有能力向上调节肿瘤坏死因子α和γ干扰素（interferon – γ，IFN – γ），这类细胞因子参与细胞介导的免疫反应。

　　① Th代表T辅助细胞。

第五节　益生菌预防和控制炎症反应等与免疫相关的疾病

炎症反应是正常免疫反应的重要部分，但在某些人中常常会出现炎症失控的情况，比如，流鼻涕、眼睛发痒、支气管肿胀、哮喘、湿疹、皮疹或其他过敏的症状。益生菌具有奇特的激活免疫系统，对有超敏反应倾向的人群进行调节、减轻和控制炎症反应的能力。研究者在研究中发现，对牛奶过敏的人服用益生菌后，过敏性炎症减弱。更为奇妙的是，那些没有牛奶过敏的人在服用了同一种益生菌后竟然也改善了他们的免疫系统。

有过敏、哮喘和湿疹的人常因肠道功能不佳或对食品过敏而遭受巨大的痛苦，他们的身体长期处于轻度炎症状态，表现为流鼻涕，眼睛发痒，皮肤易剥落、发痒，以及其他过敏症状。若干动物模型的研究均表明，益生菌有助于消除肠道过敏原。

芬兰土尔库大学生物化学和食品化学系的科学家对处于哺乳期和断奶期的10名健康婴儿和27名因患有遗传过敏症而引起湿疹的婴儿的粪便进行菌群分析，发现患有过敏症的婴儿体内（肠道内）的益生菌（双歧杆菌等）数目较低。另外关于益生菌用于婴儿和儿童的抗过敏和抗湿疹效果的研究表明，通过服用某些益生菌菌株可改善患儿的湿疹症状。

目前，世界上除了使用有针对性的疫苗产品来预防和治疗不同类型的过敏症外，最近的临床研究仍高度关注着益生菌在预防过敏症方面所扮演的角色和可能的功效。有一个研究小组评估了在动物模型（白鼠）中乳酸乳球菌和植物乳杆菌防止桦树花粉过敏症的情况。试验显示，这两种益生菌能在白鼠的脾细胞中刺激白细胞介素–12和干扰素IFN–γ（Th 1类型的应答）两种细胞因子的产生，细胞因子的产量依赖于益生菌剂量。此项研究还显示，如果在过敏反应发生之前和之后，综合使用桦树花粉的过敏原和乳酸乳球菌以

及植物乳杆菌，能产生抑制过敏反应的免疫应答。这说明使用合适的益生菌来预防和治疗过敏症的研究是具有潜在价值的。

益生菌对肠道免疫系统的调节特别有效，各种各样的免疫组分在肠道壁上起着作用。当有益细菌的数量不足或有害菌占优势时，菌群失调的状态就会发生。菌群失调对免疫系统有着深远的影响。近百年的研究表明，有风湿性关节炎的人常患有有害菌所引起的免疫并发症。当患有风湿性关节炎时，发炎症状会进入关节内，进而影响器官。在一项针对患有慢性关节炎的30名儿童的研究中发现，典型的关节炎会直接导致关节的疼痛性发炎。在连续服用乳杆菌两周后，研究者跟踪分析了试验过程中受试者肠道免疫系统的变化和其他的肠道健康状况。最后得出如下结论，患慢性关节炎儿童的肠道防御系统和菌群产生紊乱，这些紊乱导致炎症的发生且增加了肠道的渗漏性。

益生菌有减少脲酶的作用。脲酶是一种与慢性关节炎感染相关的酶。在爱尔兰进行的一项关于消化疾病的研究中，研究者发现唾液乳杆菌可抑制促炎症的细胞因子（如肿瘤坏死因子 α，TNF-α）在肠道中的产生。他们同时也研究了功能不同的Th1和Th2细胞的反应平衡性。Th1细胞帮助"杀伤性细胞"，而Th2细胞则帮助制造抗体的B细胞。两者的平衡是免疫系统能力的重要标志，即增强对危险的病原体的清除而不过度作用以致产生过敏或自身免疫的问题。研究还发现，有几种乳杆菌菌株能提升Th2（抗体生成）的反应和抑制炎性的Th1反应。

第六节　益生菌预防和辅助治疗癌症

人类目前正不断地暴露在大量且综合性的化学毒素面前，它们中的许多种可能是致癌物质。如何采取措施使人体免受致癌物质的威胁变得极为重要。值得庆幸的是，益生菌也可遏制某些致癌物质的形成。体外试验和动物试验都揭示了益生菌可抑制由有毒化学物质诱导的癌肿瘤的成长。

事实上，癌症的形成和生长经历了两个不同的阶段。其一，非癌细胞转变为癌细胞。这是由于细胞的基因遗传密码被改变，从而导致细胞恶变。其二，一旦癌细胞开始启动，癌细胞增殖和扩散将随之而来。有时这一进展会非常迅速，有时则会很缓慢或根本不发生。益生菌可抑制某些致癌物质的活性，从而阻止癌症的发生。越来越多的证据表明，菌群失调在引起胃肠道癌症的过程中起着关键作用。大部分致癌物质在进入人体的初期并不是致癌的，但胃肠道和肝中酶的活性会改变这些物质，通过多种方式使得它们产生致癌的可能性。健康平衡的消化道菌群会产生一种可预防致癌物质形成的酶环境，当有害菌超过有益菌时，则有可能诱导致癌物质的生成。

许多研究表明，益生菌（嗜酸乳杆菌和其他乳酸菌株等）有着直接的抗肿瘤效果。实验室的研究发现，服用含益生菌的发酵牛奶可减缓癌细胞的增殖，这些益生菌可减弱结肠中癌细胞的形成。在一项研究益生菌的抗肿瘤发生特性的动物（小鼠）模型中，测试了某一特定嗜酸乳杆菌菌株的抗肿瘤产生的效果。此实验中，试验组小鼠每日摄入一定量的该嗜酸乳杆菌，对照组没有摄入任何益生菌。这些小鼠均在皮下注射了可诱发肿瘤的物质（亚硝胺，nitros amine）。结果发现：到第26周时，试验组小鼠被证实能显著地减少肿瘤的发生；到第40周时，试验组小鼠产生肿瘤的情况比对照组的小鼠要低得多。研究者认为，这是由于该嗜酸乳杆菌刺激了免疫成分如白细胞介素-1α（interleukin-1α）和肿瘤坏死因子α的产生，它们均被认为可杀死和抑制肿瘤细胞。

双歧杆菌亦可直接抑制有害的肠道细菌的活性，它还能抑制加工食品中含有的硝酸盐转变为亚硝酸盐。在某项关于酸奶与结肠癌的研究中，喂食酸奶的测试动物在接触致癌物质时，能延长细胞的凋亡。所谓细胞凋亡（cellular apoptosis），是指细胞程序性死亡，随着健康的细胞程序性死亡，它们将可能被新细胞所替代。若细胞凋亡终止，癌细胞的扩散将很快发生。

在另一项关于益生菌与癌症生长的研究中，研究者发现，对饲喂了菊粉和低聚果糖的实验鼠，某益生元能刺激其肠道中双歧杆菌的生长；益生元也抑制了癌症前期的结肠损害的进一步发展。更多的早期研究发现，益生菌（如双歧杆菌）也可抑制化学性诱导的癌症的生长。

近些年来，放射性治疗是治疗癌症的常用方法，但所需的费用较高。皮肤灼伤和肠道菌群失调是放射性治疗后的常见副作用。腹腔内的放射性治疗常常导致有益菌大量死亡，而病原细菌的过度生长最终会导致严重的炎症或肠渗漏。所以，腹泻和肠道感染也属于放射性治疗的副作用的具体表现。在进行放射性治疗时，每日摄入含益生菌的酸奶或益生菌类的膳食补充剂可有效地帮助患者消除或缓解此项治疗对胃肠道系统产生的毒害作用，进而使机体更快地恢复到良好的状态。使用益生菌类保健食品和膳食补充剂还可避免药物治疗（如氨甲蝶呤、抗肿瘤药）所产生的危险。

癌症是当今最令人恐惧和广泛关注的疾病之一。如果能维护体内微生态系统的平衡并使用益生菌（和益生元等）帮助维护健康的胃肠道功能，提升人体的免疫系统，就可使人们避免患上癌症或最大限度地减少它的发生。当然益生菌的益处远非仅限于此。

参考文献

[1] 周正任. 医学微生物学［M］. 6版. 北京：人民卫生出版社，2003.

[2] GILL H S，RUTHERFURD K J. Probiotic supplementation to enhance natural immunity in the elderly；Effect of a newly characterized immunostimulatory strain *Lactobacillus rhamnosus* HN001（DR20TM）on leucocyte phagocytosis[J]. Nutrition research，2001，21：183-190.

[3] FOLIGNE B，NUTTEN S，GRANGETTE C，et al. Correlation between in *vitro* and in *vivo* immuno-modulatory properties of lactic acid bacteria[J]. World j of gastroenterol，2007，13（2）：236-243.

第七章　益生菌与生殖泌尿道健康

在全球范围内，每年有数以10亿计或更多的女性受到阴道和尿道不适症的困扰。这些病症都是由生殖泌尿道感染所引起的，常用药物目前只提供了短暂的缓解作用。由于人们没有从根本上认识这些疾病产生的本质，因而无法将其彻底解决。不恰当地使用药物有可能加剧这种不良状况。

第一节　阴道微生态菌群的组成、变化和定植

益生菌天然地定植于阴道和尿道内。目前的研究证实，健康女性阴道中的大部分益生菌是乳杆菌，它们在阴道菌群中起着主导作用，并可产生足量而多样的抗菌物质——细菌素等。乳酸、有机酸、过氧化氢和细菌素等都能阻碍病原体的生长。当正常的阴道微生态菌群，例如，占主导的乳杆菌群遭受破坏和扰乱后，有可能产生与细菌性阴道炎、尿道感染和性传播感染等密切相关的菌群失调现象。通常认为，乳杆菌群有助于预防和减少外来有害微

生物和寄生虫的入侵，同时也防止肠内生物从直肠转移到阴道或膀胱。

　　女性阴道菌群的变化往往可反映出正常女性阴道环境的生理变化。目前科学界认为，由阴道上皮细胞糖原含量所决定的激素和糖原厌氧代谢产生的乳酸等所创造的酸化环境是维护阴道微生态菌群平衡和健康的主要因素。在围产期、月经初期，雌激素水平增加。此时阴道呈酸性，正好给耐酸性的乳杆菌创造了一个合适的生存环境。乳杆菌通过发酵糖原或葡萄糖产生乳酸来维护女性阴道内低pH（3.6～4.5）环境。人体代谢只能产生左旋乳酸（盐），而大部分女性阴道分泌的是右旋乳酸（盐）。这表明阴道内乳酸的产生主要来自阴道微生态菌群（而非上皮细胞）。酸化的阴道阻止了不耐酸的共生生物、泌尿生殖感染病原体和许多性传播病原体（包括人类免疫缺陷病毒，HIV）的生长繁殖。低pH（强酸）也增加了阴道氧化还原的可能性，并创造了一个抑制厌氧细菌生长的环境。阴道微生态菌群的短暂变化发生在月经循环期间，主要是月经期。在月经期，阴道pH上升到接近7.0（中性），乳杆菌降至最低水平，非乳杆菌浓度增加。怀孕期间，阴道中糖原和乳酸浓度增加。某些行为会影响阴道菌群的短暂变化，包括使用阴道药物和杀精子剂、过多的性伴侣或频繁性交、较少使用避孕套等。精液呈强碱性，它在性交时可以改变阴道pH长达几个小时。卫生消毒剂的灌注，使用抗生素、抗真菌药物或杀精子剂等都可直接影响阴道菌群。阴道分离出的乳杆菌（特别是那些能产生过氧化氢的益生菌菌株）对杀精子剂（如壬苯聚醇）高度敏感，可被杀死。

　　有研究证实，在健康的绝经前女性的阴道微生态下，阴道内微生物以乳杆菌为主，占总微生物量的90%～95%。嗜酸乳杆菌曾被认为是阴道乳杆菌的主要成分，但随着现代分子生物学方法的出现以及乳杆菌分类学的修正与改进，嗜酸乳杆菌不再被认为是一种单独的基因型，而是相近种的复合体。在健康女性生殖道中分离得到的常见乳杆菌有卷曲乳杆菌（*Lactobacillus crispatus*）、约氏乳杆菌、格氏乳杆菌等，另外还有发酵乳杆菌（*L. fermentum*）、阴道乳杆菌、植物乳杆菌、短小乳杆菌、德氏乳杆菌、唾液乳杆菌和弯曲乳杆菌等。

从系统分类的角度来看，女性阴道中分离出来的乳杆菌，明显不同于来自食品或环境中的乳杆菌。例如，来自奶制品的大部分乳杆菌往往不能十分有效地定植在阴道内，所以基本上不能真正用于防治生殖泌尿道感染。能否产生过氧化氢是乳杆菌保持阴道微生态菌群平衡与总体健康的标志之一。有临床研究显示，能产生过氧化氢并能定植的乳杆菌与细菌性阴道炎、尿道感染、淋病、衣原体感染、艾滋病病毒感染等疾病的发生呈负相关关系。乳杆菌能产生细菌素或类细菌素物质，它们是具有杀菌活性的蛋白质，可防御外来生物的入侵。细菌在生殖泌尿道内定植的第一步，是要黏附到上皮细胞表面，其作用是对尿道内病原菌进行竞争性排斥。这在体外试验和动物试验中都得到了验证。大部分女性阴道菌群都含有某一大类乳杆菌，小部分女性会有两至三类或同种下的不同菌株。在一项关于101名未怀孕女性的长期研究中，8个月内对受试者阴道乳杆菌的定植情况进行了三次评估，结果发现，绝大部分受试者至少有一次出现乳杆菌定植阴道的情况。其中，三次评估中阴道都定植乳杆菌的60名女性中，有82%的女性阴道定植的是能产生过氧化氢的乳杆菌，主要是卷曲乳杆菌和约氏乳杆菌。它们被看作人体的共生菌，在某些女性的阴道微生态菌群中长期占主导地位（亦称为原籍菌群），其他的乳杆菌种类则被看作暂时的定植菌（即外籍菌群）。阴道内还含有各种各样的细菌和酵母。它们中的大部分源自肠道。其中的需氧菌、专性厌氧菌包括表皮葡萄球菌（*Staphylococcus epidermidis*）、链球菌等；而消化链球菌和拟杆菌是最常见的厌氧微生物。15%～20%健康女性的阴道中可检测出酵母，其中最多的是白假丝酵母。

第二节 药物治疗生殖泌尿道感染及阴道微生态破坏

生殖泌尿道感染（通常是由肺炎克雷伯菌、铜绿假单胞菌、大肠杆菌、

粪肠球菌等引起）及阴道微生态遭受破坏时，常表现为阴道酵母感染、尿道感染和细菌性阴道炎等多种不同的病症。

以阴道酵母感染为例，所谓阴道酵母感染，是指白假丝酵母在阴道内过度生长，产生稀薄的白色排泄物，有一种酵母气味，并引起阴道发痒和发炎。当女性长期服用抗生素时，白假丝酵母可能因体内益生菌减少而在阴道内过度生长，从而导致酵母感染。常用的抗真菌药物有氟康唑、克霉唑、酮康唑和伊曲康唑等。

尿道感染也属于常见的女性感染之一。所谓尿道感染，是指病原细菌在尿道内过度生长。它通常发生在患细菌性阴道炎或阴道内酵母过度生长的女性体内。尿道感染是由源自肠道的革兰氏阳性菌所引起的，特别是尿道病原菌、大肠杆菌（约占85%的病例），还有粪肠球菌、腐生葡萄球菌（*Staphylococcus saprophyticus*）。据调查报道，尿道感染的发生率大约为0.5次/（人·年），复发率为27%～48%。许多患者在使用抗生素成功治疗尿道感染后，还会出现复发症状。

所谓细菌性阴道炎，是指定植于阴道的病原性细菌（阴道嗜血杆菌等）过度生长，产生稀薄的具有鱼腥气味的白色排泄物，导致阴道发痒。从流行病学的角度来说，细菌性阴道炎类似性传播感染，并与淋病、衣原体、生殖器瘤等有关。细菌性阴道炎常伴随有阴道pH增高到4.5以上的症状，这使得与细菌性阴道炎有关的微生物开始繁殖（它们在pH低时很难生长）。患有细菌性阴道炎的女性，常常带有某些病原细菌，它们相互作用并阻碍阴道正常菌群的重建。还有研究认为，含有细胞溶解酶的乳杆菌噬菌体可能导致阴道中乳杆菌数目的减少，从而引发细菌性阴道炎。它与酵母等引起的阴道炎有所不同，细菌性阴道炎并无明显的发炎症状，临床上以阴道液里聚积的分叶核白细胞的消失为指标。有数据表明，至少有30%～50%的育龄女性患有细菌性阴道炎。若不及时治疗，细菌性阴道炎可能导致不育、骨盆感染和宫外孕。15%～25%的孕妇有一定程度的细菌性阴道炎，这些阴道问题会增加早产和低体重儿出生的概率，以及引起胎膜早破等危险。口服或阴道用的灭滴灵和克林霉素是常用的治疗细菌性阴道炎的药物。尽管抗生素治疗能较有效地杀灭导致细菌性阴道炎的病原菌，但复发率相当高。高达50%的病人会遭受复发感染的痛苦。这表明，只使用抗生素治疗来维护阴道微生态平衡是不可行的。

当使用抗生素类药物治疗生殖泌尿道感染后，即使感染复发的症状暂时没有发生，也必有潜在的副作用。若拿那些直接作用于阴道的抗真菌药物与口服的药物相比较，前者具有更高的危险性。目前抗生素的耐受性问题也使得感染复发症状面临着更为严峻的考验。生殖泌尿道感染会伴有阴道微生态破坏，这常常与阴道 pH和阴道乳杆菌群数目变化有关。几种生殖泌尿道感染（包括细菌性阴道炎、尿道感染、性传播感染、淋病和艾滋病感染等）均与在阴道中能产生过氧化氢的乳杆菌的数量损失有关[1]。

第三节　益生菌预防和治疗细菌性阴道炎

如前所述，细菌性阴道炎的产生同样与阴道微生态菌群的不平衡有关，抗生素药物的使用、不当的饮食、长期的压力和其他的综合因素都可能影响女性阴道内固有益生菌群的稳定数目。女性不恰当地冲洗阴道会破坏阴道微生态菌群的平衡，同样可能导致细菌性阴道炎。患有细菌性阴道炎的女性，常常被误认为患上了酵母感染。当她们使用药物进行酵母感染治疗时，这些抗真菌药物不会对细菌性阴道炎起作用。换言之，此时她们可尝试使用益生菌进行辅助治疗，因为无论女性是否需要抗生素治疗，合适的益生菌都可用于加强人体的抗感染能力，并有助于重建健康的阴道微生态菌群平衡。特别是对那些不适宜使用抗生素的孕妇而言，这是一个较好的方法（抗生素往往对胎儿有潜在的影响）。

2001年有研究发现益生菌（乳杆菌）有阻止病原细菌定植的能力。该研

究指出，益生菌的使用使病原体的生长被抑制了50%～74%。里德（Reid）的研究显示患者可尝试采取口服某种经临床研究证实的益生菌补充剂和使用含特定乳杆菌的酸奶，在每晚睡觉前灌洗阴道的方法来改善和防治细菌性阴道炎[2]。

有公司研制出了阴道用的益生菌（嗜酸乳杆菌）片剂，每片含有益生菌和0.03毫克的雌三醇。在一项专门针对32名患细菌性阴道炎的女性的研究中，受试组每天使用1～2片益生菌片剂，对照组则接受安慰剂治疗。两周后，受试组约77%的患者被治愈，而对照组中只有25%的患者被治愈。说明片剂中的益生菌能有效地定植在阴道组织上。在另一项试验中，给受试组28名女性患者使用一种益生菌栓剂，而对照组29名患者使用安慰剂。一周后进行检查，发现受试组中有16名使用益生菌的患者不再患有细菌性阴道炎，而对照组中治愈的人数为零。大部分进行上述研究治疗的患者随后会出现症状的反复。这说明长期的治疗是必需的。

第四节　益生菌预防与治疗阴道酵母感染和尿道感染

某些经临床证实的乳杆菌同样能预防阴道酵母感染。这主要是由于：其一，乳杆菌能产生过氧化氢和酸，创造一个不利于酵母生长的环境；其二，乳杆菌可阻止某些病原体吸附到阴道上。已有研究提供了使用乳杆菌的方法，即通过维护和恢复正常的阴道菌群来防止感染。

早在1992年就有临床研究表明，当女性食用含嗜酸乳杆菌的酸奶时，会减弱假丝酵母定植在阴道的能力。1996年的某项研究也指出，长期食用含嗜酸乳杆菌的酸奶能使相当多的女性免于阴道酵母感染。

尿道感染常会导致疼痛、灼伤感，以及不断有尿意的感觉。若不及时治疗，会因反复发作而合并肾感染。女性较男性更易患尿道感染，因为女性的尿道更接近肛门，那里停驻着许多病原细菌。事实上，大部分导致尿道感染的病原细菌都能同时在粪便中发现。

芬兰的研究者曾对139名健康的年轻女性进行调查，通过服用含益生菌的酸奶来改变她们的肠道菌群以验证这是否有助于预防尿道感染。通过对这些研究对象的饮食情况的观察和分析，他们发现，食用了较多含益生菌的酸奶和鲜榨果汁（特别是浆果类的果汁）的女性中，超过一半的人在此项研究过程中仍有可能患上尿道感染，同时，那些每周性交频繁的女性常有较高的概率患上尿道感染，而使用杀精子剂则会增加尿道感染的风险。

尽管目前尿道感染和缺乏益生菌的关系与益生菌和阴道感染的关系一样并不完全确定，但有证据显示，益生菌可以对这些慢性疾病起到一定的预防和治疗作用。某些口服的益生菌补充剂和阴道用的益生菌栓剂对减少反复尿道感染有效。

加拿大西安大略大学微生物学和免疫学系以及加拿大益生菌研究中心的里德博士（Reid）和泌尿道专家布鲁斯（Bruce）等从20世纪90年代起，对若干不同乳杆菌进行了长达30年的临床研究，证实了几个益生菌菌株（主要来自鼠李糖乳杆菌、发酵乳杆菌和罗伊氏乳杆菌）对尿道感染和减少尿道病原细菌有效[3]。而日本的研究者则证实了干酪乳杆菌的某些菌株（Shirota菌株等），对预防膀胱癌有一定的效果和研究前景。

此外，当人们患上尿道感染时，除了使用益生菌制剂，还可结合使用具有某种植物化学成分的酸莓来抑制有害细菌在尿道的吸附。所以尿道感染症状发生时，喝酸莓饮品或浓缩的酸莓汁以及大量饮水都是大有裨益的。清洁卫生是预防尿道感染和细菌性阴道炎的重要因素，从前向后的冲洗和房事后的小便都有助于保持尿道健康。

虽然有些益生菌菌株的吸附和定植能力较强，但这些菌株仍不能轻易地取代人体内常驻的原籍菌群，如果坚持每日摄入一定剂量的益生菌，则可以防御病原体（病原微生物）的侵袭。世界各地的大多数益生菌专家都一致建

议，健康女性也应长期坚持、连续不断地补充益生菌，这样才能更好地调整女性阴道环境的pH和微生态菌群平衡，并维持恒定的健康状态。

第五节　国内外用于女性阴道健康的益生菌类产品

中国大连医科大学微生态研究所的研究人员，对阴道乳杆菌制剂进行了系统的研究，从菌种筛选、安全试验、毒性试验、药理试验、功能试验等系列试验到临床观察，现已获得了国家新药证书。这是中国第一个用乳杆菌治疗细菌性阴道炎和滴虫性阴道炎的药品。该制剂所使用的益生菌属于德氏乳杆菌乳酸亚种的特定菌株，能产生过氧化氢，黏附于阴道黏膜上，它对菌群失调性阴道炎、滴虫性阴道炎等有一定的疗效。

国外市场上已有多个用于女性阴道健康的产品（栓剂、药片等）在销售。欧洲有研究者分析了用于阴道的片剂产品中的乳杆菌菌株，结果发现，有3种不同的乳杆菌菌株（分别来自短小乳杆菌、格氏乳杆菌和唾液乳杆菌的特定菌株）具有优良的特性：黏附在人体上皮细胞，产生较高水平的过氧化氢和细菌素，并可对抗白假丝酵母和病原体。2003年初，有一种口服益生菌补充剂（胶囊）在欧美和亚洲部分国家上市，用于平衡女性阴道微生态菌群及用于女性阴道炎疾病的防治。该产品是两个经特殊选择且经临床证实的乳杆菌菌株的组合（鼠李糖乳杆菌GR-1和罗伊氏乳杆菌RC-14）。若干临床试验都证实了口服该益生菌补充剂与使用益生菌阴道栓剂有类似的功效。同时，通过口服益生菌补充剂来调整胃肠道菌群，可维护肠道壁的完整性和预防感染或过度发炎，进一步提高了整个机体对感染的抵抗力。

目前女性细菌性阴道炎患者经过抗生素治疗后，使用乳杆菌来恢复阴道正常微生物菌群是一种常见的方法。使用益生菌不当可能会导致效果不佳。当代益生菌研究应更好地理解细菌性阴道炎的发病机理（pathogenesis）并设计恰当的益生菌类产品，比如含高浓度的脆卷曲乳杆菌（*L. crispatus*）。不管怎样，此领域仍需大量深入的研究工作，进一步了解细菌性阴道炎的发病机理和流行病学（epidemiology）对更有创新性的治疗方法的研发将具有指导意义[4]。

简言之，当有迹象显示女性的阴道微生态菌群失衡时，某些经临床证实的益生菌可用于细菌性阴道炎的治疗，通常可作为抗生素治疗后的辅助手段。这些益生菌也可结合其他治疗方法治疗尿道感染和酵母感染。但注意最好不要同时使用益生菌和抗生素，二者使用应间隔若干小时为好。

参考文献

[1] REID G，HARBONNEAU D C，ERB J，et al. Oral use of *Lactobacillus rhamnosus* GR-1 and *L. fermentum* RC-14 significantly alters vaginal microbiota：randomized，placebo-controlled trial in 64 healthy women[J]. FEMS immunol med microbiol，2003，35：131-135.

[2] REID G. The importance of guideline in the development and application of probiotics[J]. Current pharmaceutical design，2005，11：11-16.

[3] Bruce A，REID G. Probiotics and the urologist[J]. Can j urology，2003，10（2）：1785-1789.

[4] MARTIN D H，MARRAZZO J M. The vaginal microbiome：current understanding and future directions[J]. The journal of infectious diseases，2016：214（Suppl 1）.

第八章　益生菌与皮肤健康

皮肤是人体（微生物的宿主）跟生存环境相互影响并接触的直接界面。鉴于皮肤直接暴露于外界环境中，因此，数以万亿计的微生物正长期而持久地栖息在皮肤上并扮演着重要的角色[1]。皮肤的问题（或疾病）往往预示着身体更深层次的问题。当一个人患上皮疹、麻疹或痤疮（汗腺或毛囊的炎症所导致的黑头粉刺）等时，往往意味着其身体中出现了某种失衡，由此在皮肤上发出了信号。对此，皮肤乳霜、雪花膏或时下流行的药物并不能从根本上解决问题。某些皮肤问题如皮炎、湿疹、牛皮癣等的本质仍是过敏症问题。痤疮、粟粒疹、脓包（丘疹）、节结（皮肤下固定的肿胀）、囊肿等，无论它们是炎症还是皮肤过敏问题，都可尝试通过益生菌疗法来得到缓解和改善。

第一节　益生菌用于防治皮肤疾病

皮肤是人体最大的器官，它分泌消化酶，使部分通过皮肤进入的毒素转化为可溶性的毒素，再进入循环的血液中，以尿液或汗液的形式排出体外。在人体皮肤的表面和组织中，均可找到有益菌和有害菌、常驻菌和暂住菌。皮肤的微生物菌群也是高度多样化的，并随着环境的挑战而调整或做出反应。最重要的常驻菌为丙酸杆菌和表皮葡萄球菌，这两种菌通常情况不会致病，是一种条件致病菌。暂住菌是链球菌和金黄色葡萄球菌。皮肤的免疫力在一定程度上是由皮肤上的共生细菌（微生物）所调控和诱导的[2]。

皮肤给人体器官提供了第一道坚实的屏障，保护着器官并隔绝其与病原微生物的接触。免疫细胞在这些边界旁高度活动着，如同一支时刻在边境线上驻守的军队，随时防御着有害细菌的突然袭击和侵占。换言之，组织原位（tissue-resident）细胞可以去镇定自若地感受着微生物社群的变化并做出应答，皮肤免疫系统使用波动的共生菌群信号去校准屏障免疫和提供针对外来病原微生物的抵御保护[3]。

胃肠道中的益生菌有助于营养成分的吸收，并抑制过敏物质的吸收。在保证充足营养的前提下，人体皮肤细胞才能正常工作，保持其表面的健康和光滑。

当食物进入胃肠道后，会被消化分解为特别小的分子，使之不会对体内的循环系统造成任何威胁。但当肠渗漏现象发生时，情况会有所不同，此时小肠内壁变得可以渗透，较大的食物颗粒能够进入血液循环，然后进入肝脏并被视为毒素。益生菌存在的意义在于它能够增加肠内有益菌群的数量，解决肠渗漏问题，这些有益菌群的数目越多，发生肠渗漏的概率就越小。

另外，激素失衡在年轻人中的表现为：产生过多皮脂和毛囊堵塞。这使得病原微生物开始繁殖，进而引起发炎。在美国，痤疮也是一种常见的皮肤健康问题，70%以上的12～24岁的年轻人曾患有痤疮；部分30岁以上的成年人也会有类似的情况。痤疮治疗主要包括：一般方法治疗（如过氧化苯甲酰、视黄酸、含硫乳霜）和抗生素（如四环素）治疗。当痤疮持续时，一般方法治疗不会起太大的作用，而长期的抗生素治疗又会杀死"好"细菌并使耐抗生素细菌产生，甚至引起痤疮病变。早在20世纪60年代，欧洲的研究者和医生使用益生菌进行胃肠道方面问题治疗的时候发现，大部分患有面部痤疮的受试者在服用益生菌两周后，痤疮基本上得以消除。这同时也表明，益生菌在平衡人体内肠道菌群的同时，对痤疮的治疗有一定的辅助作用。皮炎和湿疹是过敏性皮肤常见的两种皮肤病，通过饮食调理，可在很大程度上解决皮肤病症。婴儿和儿童更易患上湿疹或皮疹，这可能是由于婴儿和儿童的胃肠道尚未发育成熟且平衡的肠内菌群还没有完全建立起来的缘故。

第二节　益生菌与生物美容

化妆固然是创造美丽外表的直接方式，但并未真正关注到皮肤的功能。实际上，皮肤具有防御和排泄双重功能。最外层皮肤是由0.5微米的薄皮脂膜组织所覆盖，具有防止化学物质和外界有害微生物入侵的作用。该层组织能被中性洗洁剂和肥皂清洗掉，但可迅速再生。皮脂膜下还有角质层起共同的防御作用。身体可通过皮肤排汗等功能来排出毒素，并散发体内热量，调节体温。皮肤的新陈代谢较快，一般28天为一周期。旧皮肤变成污垢排出体外并使皮肤表面呈酸性，阻止有害菌的侵袭。

随着年龄的增长，人的皮肤会慢慢老化，出现皱纹，皮肤容易干燥且缺乏透明感。这主要是由于：① 营养失调，减肥过快；② 皮肤老化；③ 患病及外界紫外线长时间照射；④ 过量吸烟和睡眠不足；⑤ 人体细胞的保水能力和皮脂分泌量下降等。

普通的化妆品以植物性或矿物质原料为主。近些年出现了生物制品类的化妆品（或护肤品），即含有益生菌及其发酵代谢产物的产品。这类化妆品含有的物质通常具有亲水性，有良好的保湿效果，并能促进皮肤的新陈代谢，从而起到润滑皮肤的作用。

在日常生活中，我们也可尝试采用自制或市售纯白酸奶（乳酸菌或益生菌加入无菌牛奶中制成，不含糖及其他添加物）、橄榄油、蜂蜜、抗氧化剂等混合在一起，然后涂抹在脸部并进行按摩，每天坚持按摩数分钟，最后温水洗去和冷水洗净，会有很好的效果。此法可使肌肤恢复弹性与活力。

第三节　益生菌与排除体内毒素

据医学和皮肤专家长期研究和观察发现，即使使用品质很高的化妆品来进行肌肤护理，其效果也仅能到达角质层。如欲创造健康而真正美丽的皮肤，仍需改善和维护健康的胃肠道功能，并及时地通过粪便排出体内各种有害物质和毒素。

信奉自然医学或自然疗法的人们常坚持认为：皮肤疾病往往表明了人体内的毒素正试图从皮肤上找到排出的通路。这些毒素在排出体外时，便引起了炎症和刺激。结肠的有益菌群有助于从胃肠道迅速排出毒素，但若有菌群失调导致便秘发生，即粪便在结肠停留时间过长时，会引起肠内有害菌的大量繁殖，这时毒素就会随血液循环而遍及全身。这些毒素透过皮肤排泄分泌出来，即出现皮肤干燥或脸上长疙瘩或痤疮等症状。

排除体内毒素是当今世界最重要的人类健康主题之一。排除毒素的方法除了常用的有氧运动排毒、芳香疗法，还可服用各类营养保健食品和膳食补充剂辅助人体排毒。服用恰当的益生菌类产品可有效地解决便秘和由于肠胃胀气、腹泻和过敏症等引起的肠渗漏综合征等问题，这样就能够从内到外改善人体的健康状态，并使皮肤具有持久的自然光泽。

参考文献

[1] GRICE E A, SEGRE J A. The skin microbiome[J]. Nature rev microbiol, 2011, 9: 244-253.

[2] NAIK S, BOULADOUX N, WILHELM C, et al. Compartmentalized control of skin immunity by resident commensals[J]. Science, 2012, 337（6098）: 1115-1119.

[3] NAIK S, BOULADOUX N, LINEHAN J L, et al. Commensal-dendritic-cell interaction specifies a unique protective skin immune signature[J]. Nature, 2015, 520（7545）: 104-108.

第九章　益生菌与儿童健康

当新生儿顺产时，他们会很自然地置身于那些对其健康有帮助的细菌（益生菌）之中。通常认为，阴道分娩的过程会直接影响到婴儿能否获得和接触到源自母体的健康、多样的微生物，如乳杆菌和普雷沃菌等。在婴儿期和幼儿早期不断接触微生物有助于提升成年后免疫系统的健康和应答能力。在美国，当前大约有20%的婴儿是通过剖宫产出生的，这意味着这部分婴儿肠道并未获得或最先定植来自母体的一定剂量的益生菌。

事实上，剖宫产出生的婴儿往往比自然分娩的婴儿更容易有胃肠道紊乱或胃肠不适等问题，因为剖宫产婴儿首选获得和接触到来自外部（医院等）环境的菌种，如葡萄球菌、棒状杆菌和丙酸杆菌等，这会使婴儿更易遭受某些病原微生物的入侵，比自然分娩的婴儿会有更高的风险患上遗传过敏性疾病（atopic disease）[1]。

第一节　益生菌与母乳喂养

　　母乳喂养的婴儿均可优先获得母乳中存在的活性益生菌，而大部分的婴儿配方产品中往往不含这些成分，这可解释营养配方喂养和胃肠道问题的关联性。特别对于婴儿胃肠道来说，牛奶是常见的变应原。国外的研究者从母乳中分离出了源自益生菌的抗菌物质（可看作一种天然的抗生素），此物质可有效预防婴儿胃肠道的感染。

　　国内外各个营养与保健食品公司或制药公司已充分把握了婴儿市场对益生菌类产品的需求，开发并生产了含有嗜酸乳杆菌、鼠李糖乳杆菌、罗伊氏乳杆菌和双歧杆菌等各种不同的益生菌的保健产品，但这依然无法完全模拟在母乳喂养过程中所含有的针对婴儿的天然生长的有益细菌。婴儿在刚出生后的前几个小时，其肠道和粪便都是无菌的，随着母乳的摄入并通过婴儿的肠道，逐渐开始有微生物定居在肠内和体内。最先定植在婴儿肠道的益生菌是双歧杆菌（占主导地位），还有较少数量的鼠李糖乳杆菌、副干酪乳杆菌和唾液乳杆菌等。母体产生的初乳并不具有很高的热量，但它含有多种抗体。这些抗体建立了婴儿的肠道免疫系统并给予机体免疫力。初乳中含有的生长因子可帮助婴儿胃肠道接受母乳。没有初乳，婴儿的免疫力将变弱。任何婴儿的母亲在无法提供母乳时，才可考虑给婴儿食用牛初乳或其他类似的替代产品。

　　当婴儿只使用配方奶粉喂养时，其肠道免疫性的发展会受到阻碍；而母乳喂养的婴儿则相反。经过对排泄物（粪便）的分析得知，用配方奶粉喂养的婴儿的粪便中检出病原性的肠球菌、大肠杆菌和梭状芽孢杆菌，这说明这些细菌占据了胃肠道的微生态系统；而母乳喂养的婴儿的粪便的菌落成分主要由有益人体的双歧杆菌和乳杆菌等所组成。

　　总之，母亲应尽量使用母乳哺育婴儿。那些母乳不足的母亲，则应考虑使用那些含有临床充分证实的益生菌菌株的婴儿配方奶粉或营养补充剂产品。

第二节　益生菌用于控制儿童中常见的
胃肠道疾病

在不发达国家，每年有超过60万名儿童死于轮状病毒引起的腹泻，这也是儿童中最常见的胃肠道疾病之一。同时，腹泻还是导致儿童发病率和死亡率居高不下的主要原因。估计全球每年有超过300万名儿童死于腹泻。使用益生菌来预防和控制腹泻，对全世界儿童都有很大的帮助。补充益生菌还可减少轮状病毒的发作，益生菌有抗病毒活性并可缩短患病周期和减少传染。

美国约翰·霍普金斯大学在印度进行了一项关于儿童发病率和健康的研究，该研究指出了益生菌和益生元牛奶预防腹泻的效果以及对矿物质（铁）的吸收情况。在研究过程中，选择了634名1～3岁的健康儿童作为研究对象（他们都是当地居民并无任何慢性疾病与营养不良）。将研究对象分成两组，一组每日服用添加了乳双歧杆菌HN019和低聚半乳糖的牛奶，每100克产品中添加了不少于1000万～1亿个活菌和2.5克低聚半乳糖；另一组服用的是无上述添加成分的相同的牛奶。结果表明，当两组儿童摄入同样的铁含量的饮食时，食用乳双歧杆菌和低聚半乳糖强化的牛奶可以使铁得到更好的吸收，此效果可归功于肠道益生菌群产生的作用和对腹泻发病率降低的预防效果，这还预示着该益生菌和益生元的效果可能对病毒性和细菌性感染的预防有一定作用。

在另外两项关于婴儿和儿童急性感染性腹泻的研究中，使用益生菌治疗可减少急性腹泻周期，从原来的29小时降至少于20小时。有一组研究者在一部分住院婴儿的补充配方里添加了嗜热链球菌，经过17个月的观察，未补充益生菌的婴儿中有31%出现腹泻现象；而相应地补充了益生菌的婴儿中只有7%有同样症状。

丹麦日托护理中心的一项针对半岁至三岁的腹泻儿童的研究发现，服用

了乳双歧杆菌的儿童的腹泻症状平均缩短了约一天。

目前，全球每年有20%～40%的儿童使用广谱抗生素药物，结果伴有腹泻的产生。每年，美国医生给儿童开出3000万份以上的抗生素处方，如此高的抗生素使用率未必是一件好事。美国内布拉斯加州立大学的研究表明，干酪乳杆菌可用于与抗生素相关的儿童腹泻，腹泻儿童连续服用干酪乳杆菌10天后，腹泻发生率减少了约75%。

有研究显示，全球范围内约有超过千分之一的儿童遭受着克罗恩病的折磨。发炎性疾病导致他们胃肠道疼痛、痉挛和反复腹泻。益生菌对该病的治疗效果非常明显，它可通过使肠道免疫性提升来减弱炎症的发生。对其他的乳杆菌的研究也表明，益生菌可使因轮状病毒引起儿童胃肠炎的患者较快地恢复。使用不同的乳杆菌都会有效地减少腹泻的持续时间。

胃食管反流疾病（gastroesophageal reflux disease，GERD）是儿童消化道疾病中常发生的一种疾病，通常使用质子泵抑制剂（proton pump inhibitor，PPI）来治疗。PPI作为强效抑酸药，可降低氢离子浓度，减少胃酸分泌，使得胃内pH在6.0～7.0的水平，胃酸的非特异性杀菌能力被消除。长期服用PPI会通过抑制胃酸屏障，从而可能改变肠内微生物菌群的组成。

2018年，在欧洲进行的一项实验研究评估了128名患有胃食管反流疾病的儿童（1～18岁），连续12周PPI治疗后和对照组（120名健康儿童）的情况。患有胃食管反流疾病的儿童被分为两组（每组各64人），甲组进行PPI和安慰剂治疗，持续12周；乙组进行PPI治疗同时服用益生菌（罗伊氏乳杆菌DSM17938），持续12周。经过12周后，服用安慰剂的甲组儿童的菌群失调率约为56.2%（36/64），而乙组儿童组的菌群失调率仅有6.2%（4/64），在120名健康儿童的对照组中检测到小肠细菌过度增长情况只有5%（6/120），益生菌组有更低比例的微生物失调情况。该研究证实了对儿童进行PPI治疗的同时，服用益生菌可明显改善患儿肠道微生态或者说降低患儿的微生物菌群失调的发生[2]。

第三节　益生菌用于婴儿白假丝酵母感染的治疗

白假丝酵母过度生长可导致口疮或严重的皮疹。口疮在婴儿中是较常见的疾病之一，而使用用于哮喘治疗的类固醇吸管的儿童更可能患上口疮。婴儿的口疮常被误认为是吸吮母乳后留下的自然的白色覆被。一般而言，口疮会使婴儿倍感不爽，而且口疮可能会接触到奶头，这会使母亲产生瘙痒、灼伤性皮疹，进而使婴儿的护理变得更加困难。

目前常用的治疗仍然是使用抗真菌药物，如制霉菌素。实际上，益生菌制剂或补充剂值得一试。它们可有效改善因体内微生态菌群失衡所引起的白假丝酵母过度生长。具体操作时，可用棉签浸入含婴儿益生菌粉的水或乳溶液，然后擦拭患处，每天一次即可。如果婴儿遭受酵母感染，也可在母亲的乳头喷洒少量的同种益生菌粉末。若哺乳的母亲患有乳头鹅口疮，最好每日口服益生菌补充剂。抗真菌治疗对严重的皮疹来说是必需的，但仍可尝试使用益生菌类膳食补充剂来辅助调理。

第四节　益生菌用于其他的儿科健康问题

一般来说，先天遭受艾滋病感染的儿童的胃肠道消化系统是紊乱的，伴有微生物菌群失调的现象。他们常有经常性的腹泻，他们的肠道内病原微生物过度繁殖，对摄入的食品营养也不能充分吸收。在一项针对17名艾滋病感染儿童的研究发现，服用植物乳杆菌299v的儿童比服用安慰剂的儿童更普遍地表现为体重增加、身高增长且免疫应答略有提升。研究还发现，有一名儿童的免疫功能甚至完全得以矫正和正常化，且服用益生菌对儿童无任何副作用。

也有罕见的例子显示，新生儿可能产生一种致命的肠道或消化不适——

新生儿坏死性小肠结肠炎（necrotizing enterocolitis，NEC），又称为伪膜性小肠结肠炎。科研人员开展了一项关于坏死性小肠结肠炎的试验，发现长双歧杆菌婴儿亚种可显著地降低此病的发生率。如果要对婴幼儿（两岁以下）补充益生菌，要特别注意和确保使用专门用于婴儿的益生菌菌株。较大的儿童若要补充益生菌，则有更多的选择。那些在成人补充剂配方中使用的益生菌菌株，较大的儿童也可安全地服用。

2012年，亨特（Hunter）等人研究并报道了在北卡罗来纳州对小于1千克的极低体重新生儿使用罗伊氏乳杆菌17938可降低坏死性小肠结肠炎的发生率。2009年前，未使用罗伊氏乳杆菌DSM17938时，在极低体重新生儿中，坏死性小肠结肠炎的发生率是15.1%，使用罗伊氏乳杆菌后，坏死性小肠结肠炎的发生率降低到2.5%。此研究预示着使用益生菌（罗伊氏乳杆菌某些特定菌株）有可能作为防止坏死性小肠结肠炎的预防手段[3]。

第五节　体弱婴幼儿应谨慎使用未经临床证实的益生菌

近年来，已有大量研究和实践报告探讨和论证了益生菌安全性、功能和疗效及用于预防和保健的重要性。益生菌产品已在全球和中国市场上流行。以普通食品（酸奶、固体饮料和压片糖果等）、营养保健食品、膳食补充剂或微生态制剂（生物制品类活菌药物）等多种产品形态出现，而最常见的益生菌仍是来自双歧杆菌和乳杆菌这两大种类。大量的研究报告也指出益生菌对儿童的过敏及腹泻有效。市场上有许多含益生菌的产品，包括酸奶、干酪、益生菌饮品、益生菌补充剂、药品等，许多家长常购买来作为儿童的休闲零食或保健食品。但有些益生菌类产品未必适用于所有的婴幼儿和儿童，虽然医学文献上也仅记载有极少数的成人患者因使用益生菌造成严重的感染疾病。在2005年1月，由美国北卡罗来纳州的兰德医师等报告了两名儿童病例，年龄分别为6周和6岁，均因严重的细菌感染而使用大量的抗生素治疗，由此造成了严重的腹泻合并症，故使用乳酸菌治疗腹泻。然而在使用乳酸菌20～40天后，两位儿童再度发烧，引起败血症，直到血液培养出乳酸菌，又经抗生素治疗后才痊愈。

2010年4月22日，卫生部（现国家卫生健康委员会）参照国内外经验，以及世界各国关于食品菌种和益生菌法规和标准，正式发布了《可用于食品的菌种名单》，该名单里包括了双歧杆菌、乳杆菌和链球菌等三大属类的20多种用于普通食品的菌种。2011年10月24日，《关于公布可用于婴幼儿食品的菌种名单的公告》（2011年 第25号）批准6个国内外有大量临床证实其安全性的可用于婴幼儿的益生菌菌株。截止到2019年12月底，已有9个益生菌菌株（有明确的国际公认菌株号）在中国获批进入了《可用于婴幼儿食品的菌种名单》。这对规范国内儿童益生菌市场（特别是应用于婴幼儿的产品），与国际接轨，维护和促进食品、营养与健康相关行业的可持续发展有积极作用。

简言之，乳杆菌和双歧杆菌两大类是益生菌大家族里最重要且常见的组成部分，适用于绝大部分健康成人、老人、青少年和儿童，但对于体弱多病或免疫缺陷的婴幼儿，应谨慎使用，必要时在医生、药剂师或微生物与益生菌领域专业人士指导下使用。也可参考后面章节所总结和回顾的全球最知名的若干商业化与临床应用的益生菌菌株。只有那些经过严格筛选，有数十年以上安全服用历史和通过人体临床证实其功效的益生菌菌株才是最佳的选择。

参考文献

[1] CHOFFNES E R，OLSEN L，MACK A. The development of the microbiota from the first inoculum as an infant through continued change, modified by diet, genetics, and environment, throughout life[C]//Institute

of Medicine. Microbial Ecology in States of Health and Disease: Workshop Summary. Washington, DC: The National Academies Press, 2014. https: //doi. org/10.17226/18433.

[2] BELEI O, OLARIU L, DOBRESCU A, et al. Is it useful to administer probiotics together with proton pump inhibitors in children with gastroesophageal reflux[J]. Journal of neurogastroenterology and motility, 2018, 24（1）: 51-57.

[3] Hunter C, Dimaguila M A, Gal P, et al. Effect of routine probiotic, *Lactobacillus reuteri* DSM 17938, use on rates of necrotizing enterocolitis in neonates with birthweight<1000gram: a sequential analysis[J]. BMC Pediatr, 2012, 12: 142.

第十章 益生菌和老人健康

老年人如何减少或几乎没有疾病困扰，且活出更高质量的生活？怎样才能真正地健康长寿？这是世界医学界和生命科学界至今没有根本解决的难题。随着年龄的增长，人体内各种器官的机能必然减弱，高血压、糖尿病、骨质疏松症、便秘等不良生活习惯造成的疾病也如期而至。老年人的激素分泌、免疫力、消化吸收能力、咀嚼能力、基础代谢率等也会衰退或降低。但此时人体所需的维生素、矿物质和蛋白质并不比青年时期少。换言之，老年人更需要补充各种营养健康食品和膳食补充剂（特别是益生菌类食品和补充剂），以便延缓衰老、预防保健和保证人体健康。

第一节 用益生菌解决便秘等肠道问题

益生菌对人体肠道微生物菌群的调节作用是双向的，最终都能达到肠内微生态菌群平衡。腹泻和便秘等肠道问题在一般人群中普遍存在，单纯使用益生菌来治疗腹泻的报道很多，且效果不错，但是老年人群中常见的便秘问题则显得颇为棘手。目前不少研究机构开始使用益生菌、益生菌和膳食纤维或益生元的复合产品来对便秘问题进行较为深入的研究。益生菌被证实可改善肠道的菌群平衡和自发蠕动以及减弱粪便酶活性，粪便酶（如氮还原酶）是导致结肠癌的病因之一。2002年《营养与代谢年报》曾报道这样一个研究案例：芬兰土尔库大学Ouwehand博士领导的研究小组，把28名老人分成3组进行为期4周的平行对比观察。第1组由3男3女共6名组成，他们的平均年龄为80.8岁；第2组由10名男性组成，他们的平均年龄为85.6岁；第3组由4男8女组成，他们的平均年龄为82.2岁。试验过程中，前3周3组老人都饮用相同且不含任何添加物的果汁。到了第4周，3组老人的饮食有如下变动：第1组老人继续饮用之前的果汁；第2组老人饮用添加了鼠李糖乳杆菌和丙酸杆菌的果汁；第3组老人饮用添加了罗伊氏乳杆菌的果汁。之后，测试每组老人的排便次数、粪便pH、黏蛋白含量、氮还原酶。结果发现，饮用混合益生菌（鼠李糖乳杆菌等）果汁的第2组老人的排便频率比饮用不含益生菌果汁时增加了24%（试验过程中不使用任何泻药成分）。粪便酶的活性有显著的下降。饮用含罗伊氏乳杆菌果汁的第3组老人的排便频率增加得最高，高于其他两组。所有3组老人的粪便pH在此项研究中并无明显的变化[1]。

最新的几项国内外临床研究初步证实，使用特定的益生菌株和特定的益生元或膳食纤维组合，能更加有效地解决老人的便秘问题。

第二节　益生菌用于缓解高胆固醇和高血脂等问题

许多老人都有胆固醇过高的问题，这与高脂肪饮食有关，高胆固醇容易导致动脉硬化等心血管疾病。动脉硬化是胆固醇在动脉血管壁内膜的一种生理性沉积，可引发血管壁脆弱、血管异常流动，甚至血管栓塞等疾病。同时高胆固醇会导致低密度脂蛋白胆固醇（LDL-C）过高。水溶性的膳食纤维可减少血液和肝中的总胆固醇（total cholesterol），且能增加高密度脂蛋白胆固醇（HDL-C）（一种能清除血管内沉积的胆固醇，是"有益"的胆固醇）。

有报道称，在动物试验和人体试验中均发现摄入某些嗜酸乳杆菌可使血液中的胆固醇降低。还有研究证实，嗜酸乳杆菌NCFM具有从其生长培养基中去除胆固醇的能力，在胆汁存在及厌氧情况下也同样具有此能力。

美国肯塔基大学医学研究中心的代谢研究小组进行了两项相关研究：通过每日摄入不同的益生菌酸奶，然后测试服用后人群的血脂变化。第一项研究针对含有益生菌（嗜酸乳杆菌）的酸奶，结果显示服用人群血清中胆固醇的浓度降低约2.4%。在第二项研究中使用另一种嗜酸乳杆菌菌株，结果显示服用人群血清中胆固醇的浓度降低了3.2%。通常认为，若血清中胆固醇的浓度降低了1%，则心血管疾病发生的风险可降低2%～3%。可见，如果每天能坚持饮用含益生菌（降胆固醇的菌株）的酸奶或服用益生菌补充剂（例如嗜酸乳杆菌NCFM或其他已被证实的高效益生菌菌株），那么心血管疾病发生的风险将会降低6%～10%。

有瑞典的科学家认为，摄入益生菌可降低总胆固醇和低密度脂蛋白胆固醇，进而可降低患冠心病的风险。1998年，一项研究中把30人研究对象分成两组，第一组为受试组，每天饮用200毫升果汁，每毫升中含有5000万个活性乳杆菌（植物乳杆菌299v），即每天摄入100亿个活菌；另一组为对照组，饮用不含任何益生菌的果汁。经过6周后，受试组人群的胆固醇水平有明显的下降，同时，血清中的纤维蛋白原水平也有明显下降（纤维蛋白原反映着个体炎症的状态，是引起冠心病的独立危险因素之一）。对照组人群的胆固醇水平和血清中的纤维蛋白原水平却没有变化。

日本信州（Shinshu）大学的研究者发现，某些益生菌可抑制携带胆固醇的胆汁酸在肝中的再吸收，并具有将血液中的胆固醇通过粪便排出方式去除的能力。有文章指出，通过对18～55岁患有高血压的患者进行长达8周的

观察，让其中一组（受试组）每日补充一定剂量的益生菌（乳杆菌等），结果发现，他们的血压有明显的降低，而那些未服用益生菌的对照组的血压并没有降低。英国雷丁大学的研究人员也在动物实验中证实了低聚糖等类益生元产品具有降血脂的功效。

在全球范围内，心脏病和脑出血都是位居前列的导致死亡的疾病，这类疾病又往往由动脉硬化或高血压引起。经临床证实的益生菌酸奶、益生菌类保健食品或膳食补充剂，可预防动脉硬化、中风和高血压这类血管老化疾病，它们都是有效预防心脏病和脑出血的健康产品。

第三节　益生菌与健康长寿

无论人们承认与否，全球大多数地区将约在2045年后步入老龄化社会。21世纪科学与医学的进步，使人类的平均寿命比20世纪大幅度地延长了，目前人均寿命最长的国家是冰岛和日本。在极为重视养生和预防保健的日本，国民的人均寿命已达到80岁之上。国际社会也愈来愈关心老人的健康和长寿问题。2006年中国60周岁以上的老人约有1.3亿，约占国内人口总数的10%；2017年超过2.41亿，约占人口总数的17.3%，其中65岁及以上人口约为1.58亿，占人口总数的11.4%；2019年，老年人口达到2.54亿，占人口总数的18.1%；2025年，预计60岁以上老人达到3亿。预测2040年，中国人口老龄化达到顶峰。大社会老龄化的压力不断加大，老人的健康和医疗问题也日益突显。

世界上已有数个以长寿著名的地方，他们大多和保加利亚的长寿人群一样有着食用含益生菌的发酵乳的习惯。中国和日本的研究人员也都曾对本国的长寿村（如日本的山梨县岗原和中国的广西壮族自治区巴马县）的健康老人的肠道菌群进行过细致的研究和分析，发现健康老人的饮食都是较为简单而规律的，主食有小麦、大麦、玉米等，另外还有豆类、薯类、蔬菜和水果。这样的饮食结构意味着脂肪、总蛋白质和总热量摄入都很低，膳食纤维含量丰富。结论也极为一致：这些健康老人的肠道内细菌中有益菌群如双歧杆菌等的数量较多，而有害菌（魏氏杆菌等）很少。这表明了双歧杆菌有抗衰老作用。双歧杆菌能激活人体免疫系统，并随时保持免疫监视和免疫清除功能，不断清除衰老、死亡的细胞及突变细胞，使人体不致因死亡细胞、废物堆积而衰老。研究证实，当人们从壮年期进入老年期时，肠道菌群开始发生变化，细菌总数开始减少，双歧杆菌的数量也会减少甚至消失。所以只要减少肠道内的有害菌，增加或补充益生菌，就可使人体肠道内保持清洁健康而得以延年益寿。

近些年来，全球科技和医药营养等领域对肠道微生物菌群（gut microbiota）的研究日趋深入。肠道微生物菌群也和老人密切相关，它们会影响和调节与人类老化相关的变化，如天然免疫力下降、发生肌肉减少症（sarcopenia）和认知功能下降等，这些变化都是人体变得衰老和脆弱的关键要素。老年人的肠道微生物菌群和年轻人的有明显不同。有证据表明，老人肠道微生物菌群的多样性的缺失很可能会影响人类老龄化进程。尽管没有与自然年龄增长所导致的老龄化有明显关联，但核心微生物群落的多样性缺失与人体脆弱性增加和认知表现减弱有关[2]。

不少生命科学和医学界的专家研究认为，人类全身的细胞从出生到死亡的全过程大约能更新25代，而人体细胞更新一代的时间约为5年，从而推算出人类寿命的上限为125岁。如果通过益生菌疗法来改善人体的胃肠道等功能与健康，进而提高人体的全面健康水平的话，将人类目前的平均健康寿命延长10～20年并非是奢望和难事。按照最近英国一些科学家的说法，如果每日服用多达几百种膳食补充剂（包含益生菌和其他多种不同功效的补充剂），人类衰老的过程会明显减缓，寿命得以延续到200岁或更长。但这并不可能适用于绝大多数人的实际情况。膳食、微生物菌群和健康间的相互作用可看作是人类基因和生活方式所导致的必然结果。

目前人类未能对人体衰老的机理和本质进行深入而详尽的了解，生命科学和医学研究的目的是使人们延长健康而有意义的寿命，而非简单地延长寿命。像"乌龟"般地活到千年，又有何益？人们摄入天然益生菌和各种其他天然补充剂的目的，也只是为了预防疾病和保持自然的健康，顺应自然界的规律，并期望与自然融为一体。

参考文献

[1] OUWEHAND A C，LAGSTROM H，SUOMALAINEN T，et al. Effect of probiotics on constipation，fecal azoreductase activity and fecal muncin content in the elderly[J]. Ann of nutr & metabolism，2002，46：159-162

[2] PAUL W，O'TOOLE，JEFFERY I B. Gut microbiota and aging[J]. Science，2015，350：1214-1215. doi：10.1126/science.aac8469.

第十一章 益生菌的其他潜在益处

除了前面章节所介绍的益生菌与人类健康的内容外，不同益生菌菌株及其与其他生物活性成分的组合所显现的潜在功效对未来临床应用将有巨大的价值，比如在心血管健康、体重控制与管理、运动耐力和认知健康等领域的应用。这里仅选益生菌与日常生活密切相关，且值得关注的研究与健康应用领域，作一简要阐述。

第一节 预防糖尿病

糖尿病是世界性的疾病且患者已遍布全球，近些年对中国大众和公共卫生领域提出了极为严峻的挑战。庞大的中国人口中竟有约50%的人患糖尿病或将有患糖尿病的风险。

肠道微生物菌群对我们人类的影响可能超乎想象，微生物菌群的改变和益生菌的使用和摄入可以预防Ⅱ型糖尿病。2013年，瑞典哥德堡

（Gothenburg）大学研究表明：患有Ⅱ型糖尿病的患者的肠道微生物菌群发生了变化。这意味着我们可以通过一种新的模式来评估和识别具有发展成糖尿病风险的病人。

2014年，有关含益生菌的发酵酸奶的摄入和日常饮食结构调整的研究得出结论和推测：更多剂量的低脂发酵奶制品的摄入，主要是含益生菌酸奶的摄入，与发展成Ⅱ型糖尿病风险的降低有关联。这些发现预示着特定的奶制品（含益生菌）有可能对预防糖尿病有帮助，同时也强调了我们人类食品结构中某些饮食类型对公众健康的重要性[1]。

第二节　改善乳糖不耐症

在世界各地的人群中普遍存在乳糖消化不良的问题，这是由于没有被小肠消化的乳糖在到达结肠后发酵所引起的，它会因人体肠道中乳糖分解酶（lactase）的缺乏而导致腹胀、肠胃胀气或腹泻等症状。全球至少有60%的人遭受着无法消化乳糖的痛苦。含益生菌的酸奶、益生菌补充剂和其他的含高质量益生菌的产品，都可有效地解决此类问题。这些产品可明显改善人体对乳糖的消化能力，增强对乳糖的耐受性。以酸奶为例，酸奶中含有微生物产生的半乳糖苷酶，这些酶能使乳糖在小肠内被有效地消化，并能调节人体结肠菌群的平衡以及提升肠道功能，从而显著减弱乳糖不耐症状。

第三节　缓解自闭症与减轻焦虑和抑郁症

自闭症患者常表现为口头表达能力较低、抵制社交，有重复行为和暴力倾向等，尤其表现在那些因幻想过度而无法与人建立正常人际关系的儿童身上。现有许多理论都尝试解释该病症，但它发生的具体病因和机制，至今并未被人类破解，有专家通过基因分析后认为，该病症可能与人类的基因有关。其中有一种理论认为，自闭症是重金属（汞）中毒的一种表现，可能源自意外事故或疫苗接种（汞用作某些接种疫苗的防腐剂），汞对人的脑部神经可能产生影响。目前对自闭症儿童使用的一套标准的治疗方法，就是使用螯合药物来去除汞。而事实上，当人们摄入了合适的营养补充剂后，可使人体产生奇妙的解毒能力。人体肠道内的益生菌或外部摄入的经临床证实的益生菌具有解毒能力。

肠内菌群平衡和摄入益生菌的最直接效果，就是胃肠道功能得以改善。但当出现肠道问题时，如肠渗漏综合征，会使未被消化的化学物质（包括重金属和其他有害物）透过肠道内层，最终进入血液循环，从而使消化道和大脑之间产生联系。那些有毒的成分释放其毒性时的表现之一即为自闭症。有研究者认为，恢复自闭症儿童健康的肠道功能对其症状的改善是有帮助的。使用酶治疗（酶提高肠道消化分解蛋白质、脂肪和碳水化合物的能力）和益生菌治疗均在临床上对自闭症儿童产生了积极的效果。在美国芝加哥拉什（Rush）儿童医院和儿童胃肠道与营养中心进行了一项研究：研究者选择了11名有回归发作性自闭症（regressive-onset autism）的儿童，整个治疗过程中只使用了最低剂量的口服抗生素药物，然后经过多次的治疗评估，结果显示，肠道菌群和脑部的某种可能关系需要并值得进一步调查和研究，改善肠道菌群可作为预防和治疗自闭症儿童的有价值的措施之一。事实上，许多自闭症儿童常伴有慢性的胃肠道疾病或不适。肠道原籍菌群紊乱有可能导致某一种或多种产神经毒素的细菌在肠道内定植，这在一定程度上引发了自闭症患者的症状。临床证据也显示，超过90%的自闭症儿童患有慢性的小肠结肠炎（enterocolitis），他们的淋巴瘤增生的情况（lymphoid nodular hyperplasia）比那些有炎症性肠病的非自闭症儿童高6倍。

部分研究者推测，在自闭症人群中，激发免疫应答的物质可能是饮食中的成分（如阿片肽）、病毒制剂（如麻疹病毒）或汞等。由于日常饮食中蛋白的降解所产生的过量的肽充当了类阿片肽而产生了影响中枢神经系统的效

果。这些未被完全消化的肽通常来自牛奶蛋白、酪蛋白或小麦（麸质），其结构上类似吗啡。因此，如果能维护好肠道内的菌群平衡和修复受损的肠内黏膜层，那么就能在一定程度上缓解自闭症的症状。

国外有医生认为，使用益生菌（乳杆菌制剂等）虽不是直接有效地治疗焦虑和抑郁的方法，但仍能有效地缓解焦虑和抑郁的症状。后面有关神经益生菌和肠脑轴理论的章节会有进一步阐述。另有研究证实，某些氨基酸（如色氨酸）对治疗这类疾病有效，益生菌在代谢过程中可降解蛋白质，从而释放和产生一些氨基酸，包括色氨酸等。肠内毒素与焦虑或抑郁亦有一定的关系，服用益生菌补充剂后，可有效调整肠内菌群平衡，抑制有害菌产生毒素和其他有害物质。这些毒素和有害物质往往与各种炎症、精神障碍或神经紊乱有直接而密切的关系。

第四节　保护肝脏和肾的健康

肝脏是人体中最重要的器官之一。不恰当地使用药物和过度饮酒（酒精含量较高）会使毒素在肝脏积累，从而导致肝脏受损，如氨的积聚，若不及时治疗，可使人大脑肿胀、神志不清、昏迷甚至死亡。益生菌可起到降低氨的效果。患有肝硬化的病人常伴有不平衡的微生态菌群，有害菌产生的毒素有可能导致门静脉内血压的增高，乃至门静脉高压症（potal hypertension）的产生，而益生菌用于此类病人可减少有害细菌毒素的产生。肝脏与肠道直接相连，肠–肝轴也是目前全球研究的热点[2]。

在一项对酒精肝硬化病人的研究中发现，一组病人食用双歧杆菌和嗜酸乳杆菌混合制剂，在进行长达几个月的治疗过程中，与那些只使用了利尿剂等治疗药物而未补充益生菌的病人相比，他们体内的氨水平下降且精神状态和心理素质都得以提升，同时健康恢复得也更快。

浙江大学医学院的临床研究也证实，慢性重症肝炎病人肠道内的双歧杆菌和类杆菌数目显著减少，而肠杆菌、肠球菌和酵母的数目增加。通过补充乳杆菌和双歧杆菌等益生菌后，可部分恢复肠道菌群的构成，改善肠黏膜屏障，减少肠道细菌易位（bacterial translocation，BT）的发生率，进而降低血浆内毒素水平，减少肝脏氧自由基的产生，减轻肝损伤。

众多研究发现，肠道菌群失调和肠道渗透性增加都可能导致细菌易位，细菌易位在肝硬化并发症中起着关键的作用，还与自发性细菌性腹膜炎（spontaneous bacterial peritonitis，SBP）、肝性脑病（hepatic encephalopathy）等疾病相关[3,4]。

肝硬化病人往往伴随有先天性免疫应答和可能的获得性免疫应答水平的降低，这进一步导致细菌易位的加剧。肠内毒素也会导致促炎症细胞因子（如肿瘤坏死因子α和白细胞介素-6）的产生[5]。

肾也是人体重要的器官之一。肾功能缺陷也和肝脏功能缺陷一样，会导致毒素在血液中的积累并进而造成人体的伤害。科学研究同样发现，益生菌的使用可降低肾的负载，减低体内细菌毒性的产生。

第五节　维护心血管健康

心血管疾病是世界范围内导致死亡率上升的重要原因之一。某些特定的益生菌菌株或组合被验证可降低甘油三酯（triglyceride，TG）和低密度脂蛋白胆固醇水平。

乳杆菌类的益生菌补充剂摄入可减轻吸烟者血管的受损伤状况。纳鲁谢维奇（Naruszewicz）等人在2002年的一项随机、双盲、安慰剂对照实验中，研究了38名健康吸烟者摄入益生菌后的情况，其论文后来发表在《美国临床营养期刊》上。他们的研究发现，在对平均年龄为42岁的受试者分别给予益生菌补充剂（每日饮用400毫升含植物乳杆菌299v、DSM9843菌株的果汁）和安慰剂6周后，服用益生菌的受试者的心脏收缩压从134mmHg

（17.9kPa）下降到121mmHg（16.1kPa）；同时低密度脂蛋白胆固醇水平下降，而高密度脂蛋白胆固醇水平升高；纤维蛋白原水平下降约21%；导致炎症反应的白细胞介素-6水平和白细胞黏附水平（两者都预示受损害的血流量）分别下降41%和40%；氧化水平（由于过度的放射线所导致）也下降了31%，该益生菌的摄入对人体内胰岛素的反应和水平有积极的影响[6]。

2016年，富恩特斯（Fuentes）和拉约（Lajo）等人在《地中海地区营养与代谢期刊》发表了一篇有关益生菌与降低胆固醇的论文，该文中的一个随机、安慰剂对照的临床研究证实，使用特定的天然益生菌组合（植物乳杆菌CECT 7527、7528、7529组合），通过有效调节肠肝胆固醇循环（enterohepatic cholesterol cycle）机制，显著地降低了甘油三酯和低密度脂蛋白胆固醇的水平[7]。

参考文献

[1] O'CONNOR L M，LENTIES M A，LUBEN R N，et al. Dietary dairy product intake and incident type 2 diabetes：a prospective study using dietary data from a 7-day food diary[J]. Diabetologia，2014，57（5）：909-917.

[2] SZABO G，BALA S. Alcoholic liver disease and the gut-liver axis[J]. World j gastroenterol，2012，16：1321-1329.

[3] MIEL L，VALENZA V，LA TORRE G，et al. Increased intestinal permeability and tight junction alterations in nonalcoholic fatty liver disease[J]. Hepatology，2009，49（6）：1877-1887.

[4] THALHEIMER U，TIRANTOS C，SAMONAKIS D，et al. Infection, coagulation，and variceal bleeding cirrhosis[J]. Gut，2005，54：556-563.

[5] LOGUERCIO C，FEDERICO A，TUCCILLO C，et al. Beneficial effects of a probiotic VSL#3 on parameters of liver dysfunction in chronic liver disease[J]. J clin gastroenterol，2005，29：540-543.

[6] NARUSZEWICZ M，JOHANSSON M，ZAPOLSKADOWNAR D，et al. Effect of *Lactobacillus plantarum* 299v on cardiovascular disease risk factors in smokers[J]. The American journal of clinical nutrition，2002，76（6）：1249-1255.

[7] FUENTES M C，LAJO T，JUAN M，et al. A randomized clinical trial evaluating a proprietary mixture of *Lactobacillus plantarum* strains for lowering cholesterol[J]. Mediterranean journal of nutrition and metabolism，2016，（9）：125-135.

第十二章　膳食纤维与益生元

众所周知，人体必须在不断地摄取水分和五大类营养物质（碳水化合物、蛋白质、脂类、维生素、矿物质）的前提下，才能保证生命的延续和机体的正常运行。膳食纤维并不是真正的营养物质，但却被称为"第七营养素"，主要在于膳食纤维对人体胃肠道同样必不可少，妥善加以利用就可防治便秘、肥胖、结肠癌等多种与胃肠道相关的疾病，有助于维护人体健康。

益生元是20世纪90年代后就有的概念并有了较明确的定义。益生元和益生菌一样，也是基于人体微生物组学研究（或称为人类微生态学应用研究）的营养保健、食品、生物和制药等产业的重要组成部分。最常见的益生元种类也包括了多种功能性糖类和一部分膳食纤维种类。随着近10年（2010—2020年）生命科学、营养和生物科技进步，微生物组学快速发展，极大促进了全球相关领域科研的深入和产业化进程，科学家、微生物和生物技术专家不仅赋予益生元新的定义、内涵和发展机遇，而且这类产品必将在人类健康和广泛应用领域发挥更大的作用，并对人们日常生活中高品质饮食结构的提升有现实意义。

第一节 膳食纤维的概念与功用

1960年，英国营养学家特洛威尔（Trowell）等人在东非乌干达等地从事医疗活动，他发现，患便秘、大肠憩室炎、阑尾炎、过敏性肠炎、结肠癌、缺血性心脏病、动脉硬化、糖尿病等疾病的患者中，东非人少而欧洲人多，其中一个重要的原因是他们在膳食纤维的摄入量上有显著的差异，东非人在日常饮食中摄入了较多的含膳食纤维的食品。

膳食纤维由"dietary fibre"翻译而来。特洛威尔最早将它定义为"用人体的消化酶难以消化的植物细胞组成残渣"。膳食纤维按食物来源分为水溶性膳食纤维和非水溶性膳食纤维，并有多种定义方式，通常指不能被机体所利用的多糖物质；从生理学的角度可定义为，在哺乳动物（如人类等）的消化系统内无法被酶消化的植物细胞成分（残留物），即植物细胞壁的物质，如纤维素、半纤维素、果胶、木质素等，还包括细胞内多糖；其化学定义为，植物性的非淀粉多糖和木质素（苯基类丙烷的聚合物，存在于植物细胞中）。膳食纤维主要有以下几大功效：

（1）吸水性强，具有膨胀润滑作用，能增加排便，促进肠壁蠕动。小肠与大肠的长度加起来可达10米，粪便停滞时间延长一般发生在大肠末端，如果膳食纤维增多，粪便就可迅速通过，排便自然畅通了。非水溶性膳食纤维在这方面的功能优于水溶性膳食纤维。

（2）吸收并降低体内的胆固醇及"肝肠循环"的胆汁酸等。肝脏分泌的包含在胆汁内的胆固醇、脂肪等若被肠道吸收，血液中的胆固醇就会增加，这是动脉硬化的原因。若大量摄入膳食纤维，可吸收、排泄掉胆固醇。若大量摄入脂肪，消耗它们所需的胆汁酸分泌量就会增加，而由于细菌的作

用，胆汁酸在肠内可能会变成致癌成分。

（3）降低结（直）肠癌的发生率。结（直）肠癌的发生与饮食中的膳食纤维也有关。若干动物研究证实，膳食纤维的摄入量越少，患上结（直）肠癌的风险越大。膳食纤维可增加排便数量，进而稀释粪便中的致癌物质，缩短这些有害物质在肠道中停留的时间。这样，患结（直）肠癌的概率和风险会大幅度减少。

（4）作为肠内有益菌的食物，可改善肠道菌群平衡。食用过多肉类会产生较臭的粪便，因为蛋白质被腐败菌的作用、分解，会产生各种有毒物质。膳食纤维可作为肠内有益菌的食物，由此有益菌得以大量繁殖，这使得大便和排出的气体都不臭。正常情况下，肠内有害菌的数目很少且危害很小，有害菌一旦大量繁殖就可能成为人体各种老化现象和疾病的罪魁祸首。

（5）能与阳离子结合或置换，促进钠的排出。膳食纤维可与钙、镁、铁、锌等阳离子结合并与钠离子、钾离子置换。膳食纤维可将盐中的钠离子置换并排泄到粪便中，具有降血压的功效。

（6）延缓小肠吸收营养，推迟血糖值上升，预防糖尿病。摄入的膳食纤维增加，可使食物在胃中的停留时间延长，推迟小肠部分淀粉的消化吸收，而淀粉消化的产物是葡萄糖，这使得血糖增加减缓，控制血糖增高的胰岛素的分泌也相应减少，从而起到预防糖尿病的作用。

第二节　益生元的概念与功用

益生元是益生菌的增殖因子，它有时也被称为双歧增殖因子或双歧因子。作为益生菌的最佳食物之一，它在全球范围内被不断地了解和深入研究。

英国雷丁大学的科学家吉布森（Gibson）和罗博弗若德（Roberfroid）在1995年引入了益生元的概念。益生元是一种对宿主可产生有益效果的不被消化的食品成分（配料），通过选择性地刺激一种或有限数量的结肠内细菌

（益生菌）的生长和增殖，从而提升宿主的健康。他们认为益生元具备以下四个基本特征：① 在胃肠道的上部既不会被吸收也不会被水解；② 是对一种或多种共生在结肠的有益菌有选择性作用的物质，并对有益菌代谢有激活的作用；③ 能够改变结肠菌群并支持有益成分（益生菌）；④ 诱导有利于宿主腔内或全身性的健康[1]。

世界各地的科学家和技术专家已对多种多样的益生元产品进行了广泛而深入的研究和开发。目前最为典型的益生元主要来自各种功能性的寡聚糖类，常见的有，蔗果低聚糖（常称为低聚果糖，oligofructose）、菊粉（有时也称菊糖，inulin）、低聚木糖、低聚半乳糖、低聚甘露糖、水苏糖、改性聚葡萄糖、大豆低聚糖、低聚壳聚糖等。它们具有相似的特性，可刺激某些益生菌的增殖，但增殖对象和每日的作用量（通常指每日所需剂量）有显著差异。这些低聚糖类可作为双歧杆菌的增殖因子，它们又简称为双歧因子。它们具有多种生理功能，且甜度和热量都比蔗糖低，可部分代替蔗糖，它们广泛应用于功能性食品或健康食品工业。此外，某些多元醇类（如乳糖醇、木糖醇等）与天然的植物和中草药的提取物也常被认为是益生元的组成部分。国外有研究发现，某种产自新西兰的纯正蜂蜜产品中也含有天然的低聚糖成分，可有效地促进体内有益菌的生长。国内学者通过动物试验和临床研究也发现，某些中草药如人参、党参、灵芝、阿胶、枸杞、茯苓等具有调节肠道菌群平衡、增加定植抗力的作用，这些都有类似益生元的功效。

以典型并为众人熟悉的益生元——菊粉和低聚果糖为例，它们均是天然的食品成分，广泛存在于超过36 000种植物中。菊粉在某些人们日常食用的植物，如韭菜、洋葱、芦笋、大蒜、菊苣、朝鲜蓟等中有较高的含量。最新的科学数据显示，菊粉和低聚果糖的摄入均可抑制病原细菌在肠道内的定植，它们选择性地激活"可定植的益生菌屏障"（主要是双歧杆菌和其他乳酸菌）。这种专门对益生菌的生长和发展的选择性刺激，我们称为"益生激活"。在1990年进行的一项试验中，选用了122种从人体肠道分离得到的菌株，在一种确定的培养基上分别添加菊粉、低聚果糖和葡萄糖，pH调整到适合细菌生长的范围。结果显示，菊粉和低聚果糖能使双歧杆菌和一些拟杆菌（bacteroide）增长，但几乎不对梭状芽孢杆菌和大肠杆菌增殖产生作用。同时，菊粉所导致的pH降低要低于低聚果糖，即与低聚果糖相比，菊粉对细菌的增殖速率要慢。英国雷丁大学的吉布森等人在1994年也论证了低聚果糖可专一性和显著地刺激双歧杆菌的增殖，接下来刺激效果依次为菊粉、支链果聚糖和葡萄糖。能使大肠杆菌和梭状芽孢杆菌最快生长的是葡萄糖。罗博弗若德在1998年论证了长链菊粉（聚合度大于10）的发酵速率是短链菊粉（聚合度小于10，或低聚果糖）的1/3。所有这些体外试验都论证了菊粉和低聚果糖可选择性刺激某些确定的细菌（特别是双歧杆菌）的生长和定植，从而抵抗了其他一些有害菌或病原菌（特别是梭状芽孢杆菌）的入侵。

若干人体试验也验证了益生元（菊粉和低聚果糖等）的效果。在1995年，吉布森让受试人群每天分别服用15克纯低聚果糖粉末（纯度超过95%）、菊粉和安慰剂（蔗糖），进行了为期两周的观察，结果显示，摄入低聚果糖和菊粉可使体内双歧杆菌在数量上有显著的增加，而潜在的病原梭菌和拟杆菌等有害物减少，乳杆菌有增加的趋势。菊粉和低聚果糖这些益生元通过促进双歧杆菌或其他乳杆菌在人体内的定植和增长，可间接起到消除外来感染危险的作用。

双歧杆菌所带来的健康益处有：

（1）婴儿的健康。双歧杆菌对体内肠道正常菌群的支持和维护，有利于婴儿健康。这些主要保护效果常表现为酸化大便，减少腹泻的发生，抵抗胃肠道炎症，提升婴儿对感染的抵抗力。

（2）成人的健康。对成人也有与婴儿类似的效果。通过肠道内双歧杆菌的增殖来增强消化和肠道功能，可预防胃肠道不适。另外，双歧杆菌能改善由放射和抗生素药物治疗引起的副作用。通过对粪便的菌群分析发现，双歧杆菌能保证人体内正常的尿毒水平和较低的肠道氨浓度。

（3）抑制病原菌生长。对双歧杆菌的激活，往往同时抑制了肠道病原菌（如产气荚膜梭状芽孢杆菌、大肠杆菌和金黄色葡萄球菌）的生长。各种试验结果，包括白鼠、鸡和小牛的模型，以及某些来自人体的试验结果都证实了这一点。一项由霍普金斯（Hopkins）等人在1997年进行的研究表明，经过抗生素（克林霉素）治疗后，患者常伴有肠道菌群紊乱，摄入菊粉可减少艰难梭状芽孢杆菌的生长。1998年比泰尔（Butel）等人和1999年卡塔拉（Catala）等人分别使用了鹌鹑模型研究坏死性小肠结肠炎。鹌鹑出生时，其肠道是无菌的，当接种某种病原微生物——丁酸梭状芽孢杆菌或导致婴儿疾病的菌群时，鹌鹑会患上坏死性小肠结肠炎并死亡。然而当这些鹌鹑在接种同样来源的病原微生物时摄入双歧杆菌（长双歧杆菌婴儿亚种和某长双歧杆菌菌株），它们就能存活下来。当在膳食中加入高纯度低聚果糖粉末时，双歧杆菌的作用会被增强。

（4）减少肿瘤的发生。1993年，瑞埃迪（Reddy）等人在老鼠模型中证实了口服冻干长双歧杆菌粉可明显地减少化学诱导肿瘤的发生率。罗兰德（Rowland）在1998年使用同样的模型并论证了在长链菊粉和长双歧杆菌间可建立协同机制来预防癌症。

双歧杆菌所带来的健康效果还有很多，列举如下：

① 双歧杆菌可降低肠内pH，抑制有害菌的生长。双歧杆菌能将不易被消化的碳水化合物发酵为乳酸盐和醋酸盐，同时降低肠道内环境的pH。结果质子化胺减少了，其他致病菌和有害菌也相应减少或被抑制。

② 双歧杆菌产生细菌素。某些抗菌活性可能源自双歧杆菌产生的类似细菌素的物质。

③ 双歧杆菌防止梭状芽孢杆菌的感染。比泰尔等人已在1998年论证了双歧杆菌可抑制由梭状芽孢杆菌引起的病理性损害，如坏死性小肠结肠炎。

④ 双歧杆菌可减少患癌症的危险。双歧杆菌可抑制异常腺病灶（AFC）的形成。AFC为肿瘤生长前的预兆。

⑤ 双歧杆菌帮助激活免疫系统。宿主免疫系统的激活和人体免疫力的提升使得人们能更好地防御微生物感染和恶性肿瘤的发生。

⑥ 双歧杆菌帮助合成几种维生素和酶类。主要为 B 族维生素和蛋白水解酶。

⑦ 双歧杆菌减少腐败成分的产生。双歧杆菌所产生的氨、脂肪胺和硫化氢（这些通常都是由腐败物产生的）都比较少。双歧杆菌可降低亚硝酸盐的产生，亚硝酸盐和氨一起会生成亚硝胺，这是一种强致癌物质。

⑧ 双歧杆菌降低血清胆固醇。双歧杆菌可直接影响羟基甲基戊二酰基还原酶的活性，抑制胆固醇的合成。其他乳杆菌如嗜酸乳杆菌也具有类似的吸收胆固醇并抑制小肠壁对胆固醇吸收的作用。

⑨ 双歧杆菌增加矿物质的吸收。双歧杆菌可使某些离子如铁、钙、镁、锌等被更好地吸收，已有研究报告显示，低聚果糖的摄入增加了人体对钙的吸收。

2011年，有研究显示，益生菌（双歧杆菌）更倾向代谢某些特定链长的低聚果糖类（典型益生元），通常聚合度（DP）在4～30之间[2]。

另据国际骨质疏松症基金会估计，骨质疏松症影响着全球数亿人的健康，它被看作是一种潜在致跛的严重疾病，其表现为：在无任何症状下出现骨质流失。常常导致手腕、脊椎、髋部等处发生断裂。在中国，约有7000万以上的患者遭受骨质疏松症的困扰，每年用于治疗因骨质疏松症而导致的骨折的费用高达300亿元以上。

强化骨骼最好及早进行，尤其是在儿童期和青春期，因为此时人体的骨骼正处于持续的发展和变化中。目前发现，在全球范围内，超过50岁的女性有1/3可能发生由骨质疏松症而导致的骨折，然而在此年龄段的男性只有约1/5或更低的比例会发生该病。尽管亚洲国家的人群比起西方国家的人群来说，骨质疏松症所导致的骨折发生率较低，但有证据显示骨质疏松症已开始更广泛地影响着亚洲人的健康。据预测，到2050年，世界上会有约630万人发生髋部骨折，其中50%以上会是亚洲人。事实上，一些饮食习惯如喝茶、食物中含丰富的纤维等，都有助于预防骨质疏松症。

由艾布拉姆（Abrams）教授领导的在美国休斯敦得克萨斯儿童医院和拜耳医学院进行的一项长达一年的研究表明，食用某种菊粉和低聚果糖的特定益生元组合对青少年的钙吸收和骨骼矿化有帮助作用。每日摄取并强化8克这种含低聚果糖的菊粉，可促进钙质吸收与保留以及增强骨密度。该项研究还发现，受试者在补充了一年的该益生元组合后，他们骨骼中的钙的保留比未摄入该益生元组合的人群要高，平均增长了约15%。这证明了该益生元组合对钙等矿物质的吸收与保留以及增加骨内矿物质的密度，都有很好的效果。

第三节　常见的益生元及其基本特性

聚葡萄糖（平均的葡萄糖聚合度为12）通常被看作膳食纤维，也被当作种类繁多的益生元的一种。英国雷丁大学的胃肠道模拟研究表明，聚葡萄糖可在整个大肠内发酵，但只有部分能被微生物菌群所利用。聚葡萄糖可刺激双歧杆菌而非梭状芽孢杆菌的增殖。此外，聚葡萄糖还被认为是一种低热量的可溶性膳食纤维，在人体和动物研究中均证实其有增加钙质吸收和增强骨骼矿物质密度的作用。

低聚半乳糖是一种在母乳中发现的低聚糖，也是肠内双歧杆菌的增殖因子。而有害的梭状芽孢杆菌、肠球菌和大肠杆菌等几乎不能利用低聚半乳糖。每日摄入1～3克低聚半乳糖就可对双歧杆菌的繁殖有不同程度的促进作用，并对肠内菌群平衡的改善、预防和控制便秘、预防龋齿（低聚半乳糖不能被口腔中引起蛀牙的微生物所利用）等方面有一定的疗效。

低聚木糖通常是指以玉米芯等为原料，经过木聚糖酶的酶解精制生成的，由2～7个木糖分子以 $\beta-1,4$ 糖苷键连接，并以木二糖、木三糖、木四糖等为主要成分的混合物。它的整肠效果很好，仅摄入少量即可增加体内双歧杆菌的数目，通常每人每天摄入约0.7克即可。低聚木糖不会被唾液、胃液、胰液、肠液中的酶类所分解，可直达大肠。低聚木糖也不会被口腔细菌（如变异链球菌等）所分解利用，故不会引起龋齿，而砂糖、葡萄糖和异构糖都能被口腔细菌利用。

水苏糖（一种四糖）通常可从一种药食两用的植物——泽兰的根茎中提取。泽兰在中国北方毛乌素沙漠交错地带生长，其根茎本是陕北地区的传统蔬菜，也可腌制为咸菜食用。水苏糖亦可高效快速地增殖人体肠道内的双歧杆菌（40倍以上）等有益菌，抑制致病菌和有害菌黏附到肠黏膜上，起占位保护作用。水苏糖还可促进肠道蠕动，通过激活肠内双歧杆菌，与有害菌进行营养争夺，产生抗生素，增强人体的免疫力，同时可使人体内的氨、胺、酚、细菌毒素、致癌物等有害物质减少和及早排出，从而防止各种肠道不适及相关疾病的发生。

某些具有生物活性的蛋白质对益生菌也有支持作用，它们可有益地影响着肠道内微生物菌群的平衡。与其他益生元一样，这些蛋白质常混合添加在益生菌类食品或膳食补充剂中。动物和人体内分泌的IgA是一种重要的抗体。黏膜IgA可中和病毒，并在细菌感染的过程中阻碍病原体黏附到黏膜组织和细胞上。其他免疫蛋白如IgM和IgG也有类似的特性，能对肠道健康有帮助。实验室测试也显示，这些生物活性蛋白有着强大的抗病毒活性，可对抗较高剂量的感染性轮状病毒。乳铁蛋白是一种类似IgA的生物活性蛋白，常富含于牛奶中，可抑制多种微生物，包括大肠杆菌、葡萄球菌、肺炎链球菌等的生长。乳过氧化物酶（lactoperoxidase）也是牛乳等分泌过程中的常见酶，它本身无抗菌活性，但同过氧化氢和硫氰酸盐一起可形成一个被称为LP的系统。该系统具有天然而强大的抗菌能力，可广谱性地抑制某些微生物，如金黄色葡萄球菌和空肠弯曲杆菌（*Campylobacter jejuni*），还有结肠弯曲杆菌（*Campylobacter coli*）、链球菌、芽孢杆菌、大肠杆菌、沙门氏菌和假单胞菌等。

第四节　益生元的全新定义与发展

2017年8月，来自国际益生菌和益生元科学联合会（ISAPP）的世界顶尖科学家和业界权威，在著名学术期刊《自然》上联名发表关于益生元的全新定义（defination）和范围（scope）的专家共识。此专家共识建议将益生元定义更新为："益生元是一种被宿主微生物选择性利用，并能赋予宿主健康益处的基质（底物，substrate）[3]。"此新定义的意义在于极大扩展了益生元原有定义的范围，给益生菌和益生元科技研究和相关产业的发展提供了更大范围和想象空间。

以往对益生元的理解仅限制在将其看作是肠道益生菌的食物，或与肠道内微生物菌群相互作用的物质，比如通过对有益菌（如双歧杆菌）的增殖而被看作"双歧因子"的低聚果糖、低聚半乳糖、低聚木糖等低聚糖类益生元。这类定义或理解已显得有失偏颇和过于狭隘。事实上，除了胃肠道，人体皮肤、口腔、呼吸道和女性阴道等腔体内也存在大量对人体健康有益的微生物，益生元也同样在人体多个部位通过对微生物的调节而起到相应的功效和积极作用。

人类母乳低聚糖（HMOs）是近些年益生元研究和应用的重点。人类母乳低聚糖对新生儿的肠内微生物菌群、新陈代谢和免疫系统的发展特别重要，进而对婴幼儿长大后的健康生活产生积极的结果[4]。

植物多酚由一系列复合物组成，也符合益生元的标准。越来越多的研究和证据显示：通过摄入多酚成分产生的健康益处不仅仅来自原有的复合物成分，也依赖于肠道微生物菌群对这些成分的利用，以及所产生的代谢产物。

未来益生元的研究应该力求确认已证实过的健康益处和微生物菌群干预机制之间的因果关系。随着营养科学、制药科技和医学临床研究的介入和实践，有必要通过更深入的试验和假设验证来明确此因果关系。

简言之，益生元具有提升人类健康的巨大潜力，并能通过对人体微生物菌群的调节而降低疾病的风险。益生元的广泛使用可看作一种追求健康的营养和生活方式的组成部分。

迄今，国内外市场上都开始出现和热销不同益生菌和益生元组合在一起的产品，它们常被称为合生素或合生元（synbiotics）。这类产品既可以发挥益生菌的独特活性，又可选择性地增殖益生菌的数量，从而使功效更加持久显著。例如，将低聚糖类（菊粉、低聚果糖）和双歧杆菌组合起来，将乳糖醇与乳杆菌组合在一起使用等，这些不同的组合可用于预防和治疗各种常见腹泻、便秘等肠胃不适。它们的协同效果被证实比单独使用益生菌或益生元的效果更佳。国外市场上还出现了更多把益生菌和其他多种功能因子如乳铁蛋白、牛初乳、植物多酚物质、天然酶等搭配组合的营养保健产品。

参考文献

[1] GIBSON G R，ROBERFROID M B. Dietary modulation of the human colonic microbiota：introducing the concept of prebiotics[J]. J nutr，1995，125（6）：1401-1412.

[2] SARBINI S，RASTALL R A. Prebiotics：metabolism，structure，and function[J]. Func food rev，2011，3：93-106.

[3] GIBSON G R，HUTKINS R W，SANDERS M E，et al. Expert consensus document：the international scientific association for probiotics and prebiotics（ISAPP）consensus statement on the definition and scope of prebiotics[J]. Nature reviews gastroenterology & hepatology，2017，14（8）：491-502.

[4] GARRIDO D，RUIZMOYANO S，LEMAY D G，et al. Comparative transcriptomics reveals key differences in the response to milk oligosaccharides of infant gut-associated bifidobacteria[J]. Scientific reports，2015，5（1）：13517-

13517.

[5] DUENAS M，MUNOZGONZALEZ I，CUEVA C，et al. A survey of modulation of gut microbiota by dietary polyphenols[J]. Biomed research international，2015：850902-850902.

第十三章　肠脑轴和神经益生菌

寄居在人体肠道内的微生物群体被称为微生物菌群，它们在人体内质量达1～1.5千克，可视同人体内的一个"隐藏的"器官或称为一个被"遗忘的"器官[1]。这些微生物不仅能将人体摄入的食品发酵并转化为对人体有益的物质，还保护着人体免受外来闯入者（病原微生物）的侵害。

微生物菌群并非仅由细菌组成，而是包含多样的古老生命形式，如原生生物、真菌、细菌和病毒等。

微生物菌群直接与"第二大脑（second brain）"沟通。格申（Gershon）在1998年提出"第二大脑"这一说法，其所指的就是人体肠道周围的神经网络。当一个人患病、感到恶心，其实就是一种因微生物菌群影响心情而被感知到的状况。可见，微生物菌群通过调控一个人的心情和欲望进而控制其行为。

2013年，迪南（Dinan）等人将神经益生菌定义为：一种活的微生物（有机体），当摄入充足数量时，可对遭受精神疾病（psychiatric）的病人产生健康益处[2]。这些益处主要是因为这类益生菌产生神经活性物质，如γ-氨基丁酸（GABA）和血清素等的结果。近年来有国外学者建议拓宽神经益生菌的概念，把益生元纳入其中，毕竟益生元或膳食纤维可看作神经益生菌的食物或关键基质。

有关人类基因组和微生物基因组的研究表明，人体基因和人体内微生物基因的数量比大概是1：100。换句话说，每个人只有约1%的基因是人体自身所具有的（其他的约为99%），这些基因是相当稳定的，但人体内的微生物基因仍是每时每刻都在变动着的。从基因的角度来看，一个人在每天早晨起床后就已变化成了另外一个不同的生物。或者说，一个人并不是单一的一种生物，而是一个群体或复合体。一个人的情绪、欲望，甚至体型都有可能是由其体内的微生物来参与塑造的。研究发现，许多细菌能够产生一些对人的大脑起重要作用的神经递质（neurotransmitter），如5-羟色胺（serotonin，血清素）、多巴胺（dopamine）和γ-氨基丁酸等。虽然这些细菌产生的神经递质不会直接作用于大脑，但可通过直接与脑部相连的迷走神经对脑部功能产生影响。

2004年以来的十多年间，关于肠脑关联的科学研究进展不断显示出其令人惊奇之处，让我们从肠脑轴的概念开始逐步探讨。

第一节　肠　脑　轴

一、神经系统、免疫系统和内分泌系统的概念和组成

我们知道，肠道微生物菌群在人体内扮演着重要的角色，它们是如何与人脑产生关联的？事实上，各种复杂而相互连接的沟通管道或路径组成了强大的肠脑轴。目前积累的大量试验数据证实了肠道微生物菌群可通过神经系统、免疫系统和内分泌系统（endocrine system）三大路径与中枢神经系统（CNS）连接和沟通，从而影响脑部功能和人体行为。有关暴露在病原菌、

益生菌和抗生素的无菌动物的研究都揭示了肠道微生物菌群在调节心情、认知能力和疼痛方面的作用。这预示着在治疗中枢神经系统不适方面，可能会研发出一种新的有成效的或者有潜力的治疗方法。

神经系统由两大部分组成：其一是由脑部和脊髓（spinal cord）组成的中枢神经系统，其二是周围神经系统。周围神经系统又分成四部分：躯体（somatic）神经、交感（sympathetic）神经、副交感（parasympathetic）神经和肠（enteric）神经。这四部分会平衡起作用以实现最佳的肠脑健康，而且彼此相互沟通，并与中枢神经系统连接、沟通。

躯体神经系统与一个人自主决定所做事情有关，比如走路、说话、挥动手臂、向上看和向下看等。躯体神经系统通过控制一个人吃什么（或不吃什么），对其微生物菌群产生着确切的影响。

交感神经系统俗称"战斗或逃走（fight or flight）"，当压力超过某个阈值，迫使大脑和人体产生行动时，交感神经系统被激活并发挥作用。压力的产生或加大可能来自外部因素，如我们开车时遭遇交通堵塞；也可能来自内部因素，如肌肉紧张，或者与神经益生菌有关，如饮食习惯不当亦可能导致胃肠道炎症的发生。

副交感神经系统俗称"喂养和养育（feed and breed）"，此神经系统跟生活相关，比如，吃、喝和开心等。当一个人的副交感神经系统保持缓慢而稳定的状态时，他就会收获一种人们通常所追求的健康、幸福和平衡状态。

肠神经系统如同一个人的"第二大脑"，它在肠道内运转。而该神经系统连同其中的微生物菌群一起，共同维护好肠道环境，消除可能经受的慢性压力反应，使机体回归到健康的自我动态平衡（homeostasis）状态。

肠道通过脊髓和迷走神经与脑连接并进行信息的传递，但迷走神经是一个有关心情的双向渠道，与我们讨论的神经益生菌相关，它可连接脑部并向下到达躯干，经过肺部和心脏后到达肠道。肠道细菌分泌产生的物质或对神经递质如多巴胺、γ-氨基丁酸和血清素产生的应答，都能对脑部产生抗抑郁的作用。

免疫系统包括贯穿人体的结点（node）和淋巴管（lymph vessel）。免疫系统通过细胞因子这种小分子蛋白传递警报和协调其他免疫细胞的应答。神经益生菌亦可产生细胞因子，能通过修复发炎的肠黏膜来降低炎症（inflammation）。神经递质（乙酰胆碱，acetylcholine）通过整个神经系统包括肠神经系统对机体起治愈、康复作用，它还可管理免疫细胞对微生物的过度反应。

内分泌系统在肠脑轴中也扮演着重要的角色。迷走神经通过特定的神经连接大脑，这部分特定的脑神经位于下丘脑（下视丘，hypothalamus），下丘脑大概为菜豆大小，它属于大脑边缘系统的一部分，是神经系统和内分泌系统的桥梁。下丘脑将警报信号传递到脑垂体（pituitary）和肾上腺（adrenal gland），下丘脑-垂体-肾上腺三个器官组成了下丘脑-垂体-肾上腺轴（HPA轴），这是一个用于沟通肠道和大脑的基本网络。当炎症被检测到时，HPA轴会释放一种对压力产生应答的激素——皮质醇（cortisol）。这种对压力的应答用于调整情绪，很多抑郁或焦虑的人往往是HPA轴出了问题。修整或解决了HPA轴的问题后，就可以一定程度上缓解抑郁和焦虑的状况。

神经系统使用神经递质来进行信息的传递和沟通，而内分泌系统则利用激素发挥作用。2015年，Aidy等人研究发现，神经递质和激素这两类分子实际上是高度近似和相关的。有些激素可充当神经递质；反之亦然。压力激素会使人产生焦虑和紧张，它们甚至可被看作是一种作用于全身的兴奋剂或刺激物，能迅速地使人体心率加快、血压升高。压力大的人群往往更易遭受感染，出现发炎的症状，这反过来又导致更大的压力，这种恶性循环能使人陷入更深层次的焦虑和抑郁[3]。

总之，神经、免疫和内分泌三大系统的共同点在于它们都会努力保持相对稳定的状态，或者说它们在人体内都寻求某种动态平衡。例如，经典的人体动态平衡系统是通过体温调节的。人体正常体温在36.1～37.2℃之间，如果周围环境温度过低，机体会颤抖产热；若温度过高，则会出汗散热。这就是用体温的动态平衡来维护身体平衡状态，并使人体内微生物菌群始终保持成活状态。同时，人体的微生物菌群也在努力保持着动态平衡，体内微生物菌群也会保存其相对固定的核心微生物组成（原籍菌群）。一旦进入某种理想而稳定的状态时，微生物菌群就会基本保持不变。这种稳定的状态与日常习惯的饮食有关，大部分时间人体会很容易维护这种动态平衡。但一段较长时间的抗生素治疗可能会快速破坏这种体内微生态平衡。当人体失衡发生时，肠道微生物发出的信号会使得大脑警觉，有时这些信号来自肠道反应，这些信号必然会引起重视。不幸的是，若微生物仅发出微弱信号，会使人变得焦虑，长久下去会表现为抑郁。

二、肠道与脑部关联

在北美，每年至少有1000万美国人会因感染出现肠易激综合征或抑郁的情况。如今科学家们已找到了清晰的证据：长期暴露在病原菌的环境情况下极可能诱发抑郁和焦虑，这也是神经益生菌领域的转折点。

举例来说，来源于牛或鸡的病原菌——空肠弯曲杆菌是这些动物的共生微生物，并非来源于人体。但在美国，这类病原菌是导致腹泻的第一因素，高于沙门氏菌和大肠杆菌。如果人摄取了被此病原菌污染的水源或食物，人体肠道内特定细胞会分泌5-羟色胺等信号，迷走神经会在数秒内把信号从肠道传递到大脑。同时，人体内固有的微生物菌群会对抗和攻击进入肠道的病原菌，阻止它们黏附到肠道内细胞壁上。当病原菌突破人体微生物菌群的防御，就会定植在人体肠道内，分泌毒素，进而损伤正常人体肠黏膜细胞，导致肠道泄漏。在美国，因此致病菌而患病的人群常伴有细菌性肠胃炎（bacterial gastroenteritis），随着时间推移，细菌感染的许多人会发展成慢性抑郁和焦虑。

三、下丘脑–垂体–肾上腺轴的开启

下丘脑对来自外部或内部环境的压力始终保存警觉。细胞因子会引发下丘脑–垂体–肾上腺轴的开启。下丘脑对细胞因子的应答表现为：当病毒、病原菌侵入人体后，免疫系统能先于神经系统作出反应，产生的细胞因子除了执行免疫功能外，还促使下丘脑对其作出反应，下丘脑释放促肾上腺皮质激素释放激素（CRH），CRH作用于垂体，促使垂体分泌促肾上腺皮质激素（ACTH），ACTH作用于肾上腺皮质，最终导致压力激素皮质醇的生成。此时人体内分泌系统已参与了角逐，这是肠脑关联的重要渠道。皮质醇能使人变得焦虑，但它的主要工作还是缓和人体的免疫反应。在感染的过程中，下丘脑–垂体–肾上腺轴充当致病菌（病原微生物）的监控者。致病菌越多，皮质醇产量越高，人的焦虑程度越大。因此，长期的慢性炎症产生的压力激素可能会导致一系列精神问题，包括抑郁、焦虑、躁狂-抑郁性精神病（双相障碍，bipolar disorder）、创伤后应激障碍（post-traumatic stress disorder）和多动症（注意缺陷障碍，attention deficit disorder）等。换句话来说，一个看似简单无奇的传染或感染很可能导致长期的菌群失调或微生态失调，以及随之而来的精神上的痛苦。虽然某些抗抑郁药物（antidepressant）常用于这类疾病，但如果人体自身的神经益生菌群能减弱炎症，使人体下丘脑–垂体–肾上腺轴恢复到动态平衡的状态，就无须使用药物来改善或治疗这些抑郁或其他精神方面的病痛了。

综上所述，神经系统、免疫系统和内分泌系统分别代表了快、中和慢的沟通顺序，每个系统都可能引发焦虑和抑郁。

从肠到大脑另一重要路径是循环系统（circulatory system）。微生物及其分泌物可通过血液循环传递到全身。通常情况下，人体微生物主要寄居在肠道内而非血液中，但微生物可能会感染人体其他系统。人体淋巴系统（lymphatic system）将淋巴液运送至全身，淋巴液会消灭侵入的细菌、病毒等，还能识别并破坏体内的变异细胞，然后把它们清除出体外。淋巴循环

的动力除来自淋巴系统两端的压力差外，还由人体运动所驱动，所以人体的日常锻炼和运动对淋巴健康必不可少。

人体内微生物还可通过小分子物质如短链脂肪酸（SCFA）与大脑沟通，短链脂肪酸可穿过细胞膜直接被肠道的"第二大脑"检测发现，进而通过迷走神经连接到大脑。短链脂肪酸是微生物消耗纤维或益生元时的重要产物，有时也被称为后生元（postbiotics）。并非所有的短链脂肪酸对肠道健康和情绪都有同等程度的影响。丁酸（盐）这类发酵来源的短链脂肪酸被证实有许多健康益处。研究推断丁酸（盐）可能参与调节人体行为（包括社会交流）所产生的影响。但过高剂量的某些短链脂肪酸，如丙酸，是有害的，许多动物研究显示丙酸和乙酸与患有肠易激综合征病人的焦虑水平提升有关。

第二节　神经益生菌

一、发展历程

1909年，诺曼（Norman）博士报道了"酸牛奶"在治疗精神忧郁症方面的价值。1910年，菲利普斯（Phillips）博士在《英国精神病学杂志》（*British Journal of Psychiatry*）上发表的论文《使用乳酸杆菌治疗精神忧郁症》（*The treatment of melancholia by the lactic acid bacillus*），论述了发酵奶制品对情绪的影响。他注意到单纯的乳杆菌粉末对精神忧郁症的治疗并不十分奏效，但含有益生元乳清粉的配方能缓解抑郁。他认为乳酸杆菌对精神忧郁症有确切的健康益处：其一，降低肠道内有害毒素的数量；其二，有助于食品材料快速、更容易地消化吸收。菲利普斯博士在伯莱姆（Bethlem）皇家医院（精神病医院）用于研究和治疗的发酵奶制品主要是含有各种乳杆菌的开菲尔。通过治疗，病人会逐渐不再抑郁。他声称治疗成功的比例约达2/3。

1914年，纽约病理学家斯托（Bond Stow）医生拓展了"肠道中毒（intoxication）"的概念："人体从一开始就一直遭受有害的腐败细菌的进攻，无数的自体中毒案例证实这一点"。尽管当时还没有关于益生菌的定义和这个学术用词，但他是益生菌和神经益生菌的坚定支持者。他知道腐败细菌在食品和饮品中无处不在，体内的有益细菌必须永久与腐败细菌对抗，并对机体起着保护作用。他认为："有害的微生物是不可避免和普遍存在的，与之进行的这场战斗永不停止"。斯托医生也理解到药物和不良饮食习惯会对人体肠道造成损害。

1915年，位于美国纽约的柏林实验室有限公司开始生产名叫"Intesti-Fermin"的有益菌片剂，声称该产品可"促进身体和精神健康，并且可提供真正的科学帮助，使每天的生活都充满高效"。当年的广告声称这种早期的益生菌产品曾帮助保加利亚人活到125岁以上。到1917年，市场就有30多个不同品种的益生菌产品。这也不禁让我们联想到100多年后的今天，全球商业化益生菌产品已趋多样性和更加流行起来。

1923年，嗜酸乳杆菌牛奶一度被推荐用于治疗精神病（psychosis）。美国新泽西医生亨利·科顿（Henry Cotton）推崇结肠切除手术，这自然去除了影响精神病人的结肠微生物。他还提倡拔牙来去除细菌毒害。我们现在清楚牙周（periodontal）疾病与炎症、心脏病和孕妇早产直接相关。同时我们知道拔牙、使用假牙和抑郁有关。

20世纪20年代，精神科医生朱利叶斯·瓦格纳-佐雷格（Julius Wagner-Jauregg）继承了"医药之父"希波克拉底（Hippocrates）的思想，发热有助于治疗精神疾病。他发现感染疟疾的患者的精神疾病反而被治好了。发热治疗对梅毒（syphilis）的病人特别有效。

20世纪30年代，磺胺类药物开始被引入并治好了感染疾病。随后抗生素的发明和普及使得梅毒等疾病得以治愈。

在关于神经递质方面，早在19世纪末20世纪初，西班牙医学专家圣地亚哥·拉蒙·卡哈尔（Santiago Ramon y Cajal）绘制我们人类脑部细胞时，就已经了解了人体神经系统的结构，明白电流可刺激神经元（neuron，神经细胞），卡哈尔发现神经细胞并没有相互接触在一起。后来查尔斯·斯科特·谢灵顿（Charles Scott Sherrington）把神经细胞的间隔命名为突触（synapses）。直到1921年，德国科学家奥托·洛维（Otto Loewi）证实有化学物质在其间架起了桥梁。此化学物质可传递神经元发出的信号，因而被称为神经递质。洛维发现的第一个神经递质就是乙酰胆碱。这些神经递质有激活神经细胞和其他的一些作用。

既然神经递质是个关键，我们就考虑如何去利用和掌控它。这也导致了1951年首个抗抑郁药物的偶然发现，此抗抑郁药物即异烟酰异丙肼（iproniazid），原来用于治疗结核病（tuberculosis）。研究发现，此药物有助于增加脑部神经递质（如5-羟色胺）的水平。后来市场上出现了同类药物，如百忧解（prozac）、帕罗西汀（paxil）和左洛复（zoloft）。其他药物，包括单胺氧化酶（monoamine oxidase，MAO）抑制剂和三环类（tricyclic）抗抑郁剂，可影响5-羟色胺和另一种叫作去甲肾上腺素（norepinephrine）的神经递质的水平。但是这些药物的副作用也明显存在，就是会产生幻觉并具有成瘾性。

鉴于大部分神经递质并不能突破血脑屏障（blood-brain barrier，BBB），口服和注射神经递质都不能完全奏效。可行的解决方案就是发现能通过血脑屏障的药物，以提高脑中神经递质的生成量或减少机体对各种神经递质的吸收利用。新研发的药物可调控多巴胺、γ-氨基丁酸和其他神经递质的水平。

我们不禁要问，最早抗结核药物为何在对抗细菌的同时能改善人们的心情和抑郁状态？细菌或体内微生物菌群的变化是否可对人类的精神健康有更多帮助呢？

二、神经益生菌保持脑部健康

自20世纪50年代以来，医药界和科学界发明了多样化的精神药物，这对精神病学科和脑部健康科学领域而言是一场划时代的革命。这些神奇的药物对某些病人如同灵丹妙药，但对其他病人就如同是安慰剂一样不起作用。显然，人们开始意识到体内的微生物菌群不仅可影响一个人的心情，还可以帮助消化吸收摄入的药物。这对人体的个性化微生物菌群调节，个性化地补充所需微生物或益生菌意义重大。

实际上，人体内微生物菌群就是个缩微的生态系统，各种微生物相互依存，不能独自在人体内存活。这恰如自然界生态系统中各物种关系的缩影。比如，非洲大草原是食肉动物的大本营，有狮子、猎豹、鬣狗等食肉动物，狮子常以草食动物如斑马和羚羊为食，这些有蹄类动物吃草，草以动物粪便为肥料茁壮成长。动物死后其尸体被秃鹰所啄食，秃鹰反过来又被狮子和鬣狗所吃。狮子就是此食物链的顶部和关键物种。人类肠道微生物菌群也存在多样化，细菌可吃（或利用）纤维，代谢分泌出化学物质被其他微生物所消耗和利用。病毒充当细菌的中介或调停者，可把一些基因从一种微生物（细菌）传递到另一种微生物（细菌）。

相关研究表明，人体微生物菌群中的细菌有约8%由拟杆菌门（Bacteroidetes）和厚壁菌门（Firmicutes）组成。如果把自然界看作人体肠道的话，厚壁菌门下的双歧杆菌属等益生菌虽然在人体微生物菌群中占比仅约2%，也许可视同大草原上的狮子，起着极为关键的作用。换言之，健康人群体内益生菌群起到维护肠道菌群平衡，并使人保持健康和心情愉悦状态的作用。一旦一个人经历忧虑后，益生菌（或精神益生菌）就需要重建肠道，修补肠漏和解决其他肠道问题。可能引起忧虑的原因很多，包括细菌感染、发炎、肠易激综合征和炎症性肠炎、慢性压力、药物的过量服用、酗酒、食品过敏、食量过度、缺乏锻炼、自身免疫性疾病如狼疮（lupus）、抗生素滥用等。

目前在市场上含益生菌和益生元的各种膳食补充剂丰富多样，令人无所适从。并非所有的益生菌类产品都能发挥缓解抑郁的作用，也不是所有自称是神经益生菌的产品就一定可起到改善心情和缓解抑郁或压力的作用。自2010年开始的10年中，随着肠脑轴理论和实践的深入，人们越来越了解消化道和脑部间的双向沟通在维护脑部健康以及压力应答中扮演的重要角色，这给改善和治疗如压抑或焦虑等精神类疾病提供了好的方向和新的道路。

嗜酸乳杆菌ATCC356在益生菌和神经益生菌的配方中较为常见。它在发酵蔬菜（泡菜）、酸奶和开菲尔中有很长的安全食用历史。嗜酸乳杆菌不仅可降低炎症发生，亦可对抗和抑制病原菌——空肠弯曲杆菌黏附在肠内细胞上，此类病原菌也会导致焦虑和肠胃炎[4]。

瑞士乳杆菌R0052和瑞士乳杆菌NS8曾经被归类为保加利亚乳杆菌德氏亚种，是一种在干酪中经常添加的菌种，最初用于抑制干酪中潜在的苦味。最近研究显示它可降低血压和减轻抑郁和焦虑症状，该菌株添加在日常饮食中可缓解焦虑和炎症的发生[5]。

鼠李糖乳杆菌菌株（GG、IMC501、JB-1）在动物研究中显示可降低抑郁和焦虑。这与增加了神经递质（如 γ-氨基丁酸）的水平有关[6]。此作用也依赖于迷走神经，迷走神经是肠道细菌和脑部间主要的调节与沟通路径之一。

干酪乳杆菌菌株（Shirota、DN-114001、Immunita）也是用于酸奶和益生菌饮品的常用菌种。患有慢性疲劳综合征的病人通过摄入干酪乳杆菌可减少焦虑和改善肠道健康状况[7]。同时干酪乳杆菌还能促进双歧杆菌的增殖。

中风（stroke）、阿尔茨海默病（Alzheimer's disease，AD）和帕金森病（Parkinson's disease）是人类常见的三种脑部疾病。一旦患病，就会对患者的个性和日常行为改变产生深远的影响。

就中风而言，我们可通过日常生活习惯的改变来控制和降低其发生的风险，其一是控制血压并维持其稳定；其二是降低血脂（胆固醇和甘油三酯）。研究发现：炎症常常发生在我们的肠道内，即当日常饮食中肉类和脂肪偏多，而蔬菜、全麦和水果摄入较少时，结肠中的有害细菌就会发挥作用而导致结肠壁的炎症。长时间的炎症作用会影响全身，进而催生动脉粥样硬化。动脉粥样硬化的特征是在血管内壁形成由胆固醇和脂肪等组成的较厚和硬的斑块，经过一定时间后这些斑块会变成凝块，进而阻断血液流向大脑，最终因脑部受损伤而引起中风等疾病。这显示了维护健康的胃肠道菌群和减少中风概率之间存在着清晰的关联。

有对阿尔茨海默病患者的肠道菌群的研究显示：患者体内对肠道黏膜屏障有维护作用的双歧杆菌的数量减少，且肠道的渗透性增加。

总之，肠道微生物菌群积极参与了人的生理活动，影响着神经和脑部健康的多个方面。神经益生菌及其相关衍生产品对压力、抑郁、焦虑、老年痴呆等脑部疾病的改善都有一定的作用和康复治疗的潜力。

参考文献

[1] SEO D，HOLTZMAN D M. Gut microbiota：from the forgotten organ to a potential key player in the pathology of Alzheimer's disease[J]. J gerontol a biol science med sci，2020，75（7）：1232-1241.

[2] DINAN T G，STANTON C，CRYAN J F，et al. Psychobiotics：a novel class of psychotropic[J]. Biological psychiatry，2013，74（10）：720-726.

[3] AIDY S E，DINAN T G，CRYAN J F，et al. Gut microbiota：the conductor in the orchestra of immune-neuroendocrine communication[J]. Clinical therapeutics，2015，37（5）：954-967.

[4] CAMPANA R，FEDERICI S，CIANDRINI E，et al. Antagonistic activity of *Lactobacillus acidophilus* ATCC 4356 on the growth and adhesion/invasion characteristics of human campylobacter jejuni[J]. Current microbiology，2012，64（4）：371-378.

[5] OHLAND C L，KISH L，BELL H，et al. Effects of *Lactobacillus helveticus* on murine behavior are dependent on diet and genotype and correlate with alterations in the gut microbiome[J]. Psychoneuroendocrinology，2013，38（9）：1738-1747.

[6] BRAVO J A，FORSYTHE P，et al. Ingestion of *Lactobacillus* strain regulates emotional behavior and central gaba receptor expression in a mouse vid the vagus nerve[J]. Proceedings of the national academy of sciences of the Unite States of America，2011，108（38）：16050-16055. DOI：10.1073/pnas.1102999108.

[7] RAO A V，BESTED A C，BEAULNE T M，et al. A randomized，double-blind，placebo-controlled pilot study of a probiotic in emotional symptoms of chronic fatigue syndrome[J]. Gut pathogens，2009，1（1）：6-6.

第十四章　全球商业化与临床应用的益生菌

在过去的一个多世纪里，从较早的作为治疗和缓解腹泻的活菌药物使用的人体来源的非乳酸菌类细菌（特定的大肠杆菌菌株及其他有益人体的微生物），发展到各类临床证实的有益细菌，益生菌（乳酸菌和酵母菌等）在食品、药品、营养品和膳食补充剂产品的广泛运用，可谓推陈出新，变化无穷。但这些成千上万的产品，无论是作为微生态制剂（药品）、食品、营养保健品还是以其他应用类型出现，其中的核心商业用菌种或菌株都主要来自若干经临床研究证实的有益微生物（包括细菌如乳杆菌、乳球菌、片球菌、双歧杆菌、芽孢杆菌等和酵母菌）或该类有益微生物（细菌等）的代谢物。本章仅选择介绍在全球应用最广泛的部分较著名的益生菌菌种和特定的益生菌菌株的基本特性，并对这些益生菌的功效和临床应用研究进展进行简要总结和综合阐述。

第一节　大肠杆菌Nissle 1917

大肠杆菌（大肠埃希菌）Nissle 1917（*Escherichia coli* Nissle 1917，简称EcN，菌株号DSM 6601，在德国微生物保藏中心保藏）是在全球范围内被广泛研究的益生菌菌株之一。该菌株以研究不同的大肠杆菌的德国内科医生阿尔佛雷德·尼斯勒（Alfred Nissle）教授（1874—1965）名字命名。从第一次世界大战欧洲战场上的东欧士兵的粪便中，尼斯勒分离得到这株强壮的大肠杆菌菌株。1917年，他以此菌株制成益生菌胶囊产品（商品品牌名为Mutaflor）并为之申请了专利。该产品中添加了约25亿～250亿个冻干活菌，规模生产并商业化用于治疗胃肠疾病。自1917年以来，已广泛应用并成功治疗了多种胃肠道不适（如腹泻、炎症性肠炎和便秘）。现在，该产品在欧洲、亚太地区、美国、加拿大等世界上的数十个国家有售，主要用于维护成人健康。

2014年公开发表的关于EcN的完整基因序列研究对进一步了解和鉴别该益生菌菌株的功效机制有一定的帮助[1]，经临床验证，停止口服EcN 2周后，该菌株仅能在约一半的受试者粪便中检出。

作为可用于人体的益生菌菌株，安全性是首当其冲的。EcN被证实其安全性很好，不含肠毒素、溶血毒素和细胞毒素等潜在致病因子。它是革兰氏阴性细菌，分类为血清型O6：K5：H1，其他常见的O6血清组（serogroup）的大肠杆菌包括非致病的共生菌（commensal）和病原性致病菌株（pathogenic strain）。H血清组由鞭毛抗原（flagella antigen）决定，一些主要来自细菌鞭毛的亚单位可作为宿主先天性免疫的强效激活剂（activator），并且可诱导β-防御素-2（β-defensin-2 induction），这被认为有利于加强人体肠内上皮细胞屏障（epithelial barrier）。肠内上皮细胞屏障由几部分组成，不仅包括自身细胞屏障（physical cell barrier）、黏液层（mucus layer），还包括其分泌的抗菌物质等。EcN竞争性黏附到肠道内，会同时抑制其他外来微生物的黏附占位和入侵。

为了能在胃肠道定植并产生有益的效果，益生菌能够产生所谓的健康因子（fitness factor），帮助它们战胜或遏制其他有害微生物。这些健康因子包括微菌素（microcin）（一种抗菌肽）、黏附素（adhesin）和蛋白酶（protease）等。实际上微菌素等也算是细菌素的一种，属于非常小的细菌素，仅由相对少的几个肽组成。黏附素是微生物外表面的一种蛋白，它使得微生物可与其正进行攻击的细胞紧密绑定或结合在一起。研究发现，有时肠杆菌（enterobacteria）产生细菌素。尼斯勒的早期研究发现，在用琼脂平板培养EcN时，该菌株可抑制沙门氏菌（*Salmonella*）和其他大肠杆菌菌株的生长。大肠杆菌最初产生的细菌素被称作大肠杆菌素（colicin），EcN还可产生微菌素H47和微菌素M（通过对益生菌胶囊Mutaflor研究和检测获知）。最近的研究显示，该益生菌在铁的竞争中扮演一定角色，由该益生菌产生的微菌素在矿物质铁受限制（iron-restricted）的条件下，形成被称为铁载体-微菌素（siderophore-microcin）的物质[2]，它能帮助EcN竞争性地抵抗其他肠杆菌在体内的定植。一般肠杆菌利用儿茶酚盐-铁载体（catecholate siderophore）来捕获铁等物质。

第二节　嗜酸乳杆菌

临床证实功效的乳酸菌是益生菌的重要组成部分。乳酸菌可进一步细分为多个属（genus），包括肠球菌、明串珠菌、双歧杆菌、链球菌、乳球菌和乳杆菌。在细菌分类学上，乳杆菌属（*Lactobacillus*）下已有约125个种类（species），它被归属分类在厚壁菌门杆菌纲（Bacilli）乳杆菌目（Lactobacillales）乳杆菌科（Lactobacillaceae）之下。

作为乳杆菌属的菌种，嗜酸乳杆菌是革兰氏阳性、无芽孢、同型发酵（homofermentative）、过氧化氢酶阴性（catalase-negative）的杆状细菌。嗜酸乳杆菌组（complex）包括嗜酸乳杆菌、保加利亚乳杆菌、约氏乳杆菌、格氏乳杆菌和瑞士乳杆菌等。

一、历史和安全性

嗜酸乳杆菌很早被发现并广泛应用于发酵豆制品，如日本豆酱（Miso）和豆豉（Tempeh），以及欧洲的发酵奶制品（例如开菲尔等）中，在酸奶中的存在和使用已有千年历史。近些年来，从人的结肠黏膜、胃肠道、口腔和女性阴道等处也都发现和分离到该菌。

嗜酸乳杆菌菌株的分离最早可追溯到1900年，由莫罗（Moro）从婴儿的粪便和口腔获得。在欧洲，真正将嗜酸乳杆菌（各不同菌株）广泛用于发酵奶制品和其他食品也只有几十年的历史。2012年，嗜酸乳杆菌被列入《有文献记载的用于人类食品的微生物清单》（*Inventory of Microorganisms with Documented History of Use in Human Food*）；2013年，被欧洲食品安全局（EFSA）列入《合格的安全性推定名单》（*Qualified Presumption of Safety List*，QPS）；2005年，奥尔特曼（Altermann）等人完成嗜酸乳杆菌NCFM的全基因组测序[3]，该菌株保藏在美国典型菌种保藏中心（American Type Culture Collection，ATCC），菌株号为ATCC700396，安全储藏号为ATCC SD5221；2015年，帕洛米诺（Palomino）等人对嗜酸乳杆菌ATCC4356的基因序列进行了研究和描绘[4]。

一项给成人服用和补充嗜酸乳杆菌NCFM和乳双歧杆菌Bi-07（各50亿个活菌/天）的试验研究显示，补充这类益生菌对人体常规血液和临床化学的各标记物（marker）没有任何影响。试验数据也证实，健康成人服用这类膳食补充剂长达5个月后，不存在安全性或耐受性问题[5]。

二、临床研究

1. 免疫调节的临床试验

2009年，在一项关于益生菌免疫调节作用的双盲、安慰剂对照研究中，给326名儿童补充嗜酸乳杆菌NCFM和双歧杆菌，每天2次，时间长达6个月，结果显示，该益生菌可减少儿童发烧、咳嗽、流鼻涕的发生率，并可减少抗生素药物的使用。这可能与嗜酸乳杆菌等益生菌对体内免疫活性细胞的刺激有关[6]。

2. 消化道疾病的临床试验

2015年，Viramontes-Horner等人使用嗜酸乳杆菌和乳双歧杆菌及菊粉的合生元制剂，对血液透析（hemodialysis）患者进行2个月双盲、安慰剂对照研究，结果显示，益生菌有效降低了患者胃肠道各种不适症状，包括呕吐、腹痛和胃（心）灼热（heartburn）等的严重程度和发生频率[7]。

最近在Dsouza等人的研究中，调查了患者摄入嗜酸乳杆菌NCFM和乳双歧杆菌Bi-07（每人每天服用250亿个活菌）后腹部症状改善情况，其中，病人胃胀气、腹痛和肠道功能的变化通过结肠镜检查（colonoscopy）来评估和判断。结果显示，与服用安慰剂的对照组相比，每天摄入益生菌可减少疼痛的天数。研究结果提供了对益生菌作用机制的进一步理解，特别是嗜酸乳杆菌NCFM可调整人体肠内疼痛的感觉。此研究也预示着益生菌的干预可能是治疗腹痛和肠易激综合征的新手段[8]。

目前，已公开发表了大量与人体内肠道微生物菌群相关的益生菌对人体健康益处的研究文献，人们对益生菌与健康的相关性有了新的认识，与此同时，对人体内微生物菌群相关的生存环境的认识也得到了提升。以小肠细菌过度增长（small bowel bacterial overgrowth，SBBO）为例，这类患者常伴随有肾病（renal disease），SBBO可导致引起尿毒症的毒素（uremic toxin）的产生，还可以产生致癌物质如二甲胺（dimethylamine，DMA）和

亚硝基二甲胺（nitrosodimethylamine，NDMA）等，这必然导致患者的营养和健康状况下降[9]。摄入嗜酸乳杆菌NCFM可改善小肠细菌过度增长的症状。

3. 控制感染性疾病

很多嗜酸乳杆菌的相关研究也论证了益生菌可预防肠内感染，包括急性轮状病毒引起的腹泻、儿童腹泻和其他肠道不适，如产肠毒素（enterotoxigenic）的大肠杆菌感染引起的不适等。

4. 在肝脏和代谢疾病上的使用

2011年，在一项针对Ⅱ型糖尿病患者的研究中，让受试组饮用含嗜酸乳杆菌La-5和动物双歧杆菌Bb-12的酸奶，进行随机、双盲、安慰剂对照、持续6周的试验。结果显示，受试组总胆固醇和低密度脂蛋白胆固醇都降低了，而甘油三酯和高密度脂蛋白胆固醇没有明显变化。另外，服用益生菌酸奶的受试组与未饮用益生菌酸奶的对照组相比，6周后，血清中的总胆固醇明显降低[10]。

2013年，一项给90名患者补充嗜酸乳杆菌的随机、安慰剂对照试验显示，肝性脑病明显减少，通过磁共振波谱成像（magnetic resonance spectroscopy）、影像分析发现，受试者体内血氨（blood ammonia）水平和脑部神经代谢物（brain neurometabolites）都增加或提升了[11]。

保加利亚乳杆菌也是嗜酸乳杆菌组的重要成员。1905年由保加利亚医生格里戈罗夫（Grigorov）从酸奶发酵剂中分离和命名。它与嗜热链球菌一样，是酸奶中最常用的传统发酵菌种之一，赋予发酵奶制品独特的香气。20世纪初期，保加利亚乳杆菌常和嗜酸乳杆菌一起用于治疗便秘、腹泻和其他胃肠道问题。使用保加利亚乳杆菌等发酵剂的传统酸奶虽对改善乳糖消化和吸收有帮助，但保加利亚乳杆菌很少作为单一的益生菌制剂使用。

约氏乳杆菌与嗜酸乳杆菌紧密相关，曾经被认定为嗜酸乳杆菌LA1，直到1992年才发现它与嗜酸乳杆菌有所不同。人体研究显示，约氏乳杆菌LA1能稳定地黏附在结肠黏膜，时间可长达数日，可调节人体免疫功能。在欧洲，由位于瑞士的世界著名的食品公司研发上市的、添加约氏乳杆菌和益生元（菊粉）的、不含脂肪的益生菌酸奶产品已畅销数十年。

综上所述，世界上有长期食用安全历史，且有大量体外试验、动物研究和临床试验证实其功效的各种嗜酸乳杆菌菌株（如ATCC 、SD5221等） 对人体健康的主要贡献或潜在的益处主要表现如下：

（1）提升人体内天然益生菌（ "好" 细菌）水平，维护人体健康的微生态菌群平衡；

（2）影响和有益于改善肠内微生物菌群的组成和活性；

（3）调节人体免疫功能，并可能提升具体的免疫应答（对细胞因子的诱导）；

（4）有助于或可能减弱人体呼吸道感染的症状；

（5）改善人体胃肠道的健康水平和整个人体的健康状态；

（6）帮助消化，从而有助于身心健康；

（7）降低多种胃肠道不适症状（腹泻、腹痛等）；

（8）降低乳糖不耐症的症状；

（9）耐受胃肠道环境，非常适应于体内存活和肠内定植（能强有力地黏附在肠内细胞）；

（10）防护和对抗病原微生物的侵入，有助于加强机体的天然防御系统。

第三节　鼠李糖乳杆菌

鼠李糖乳杆菌是一类革兰氏阳性、兼性厌氧、非运动性和不产芽孢的杆状微生物。鼠李糖乳杆菌最早曾被认为是干酪乳杆菌的亚种。1989年后，细菌分类命名把它从干酪乳杆菌亚种分出来，单独命名为鼠李糖乳杆菌。

鼠李糖乳杆菌在欧洲很早就被列入《有文献记载的用于人类食品的微生物清单》，这类益生菌种类也被欧洲食品安全局收入《合格的安全性推定名单》。

一、鼠李糖乳杆菌GG

1. 历史

鼠李糖乳杆菌GG（简称LGG，美国典藏菌种中心菌株号为ATCC53103），是1985年由美国波士顿塔夫茨（Tufts）大学医学院舍伍德·戈尔巴奇（Sherwood Gorbach）和巴里·戈尔丁（Barry Goldin）教授从健康成人的粪便样本中分离得到的较理想的益生菌菌株之一。GG来自两位教授姓氏的第一个字母。该菌株具有耐胃酸和胆汁特性，可活着穿越胃肠道并到达肠道下部，在一定时间内定植在人体肠道黏膜细胞上并聚居在肠道内。它可产生抗菌物质并有益于人体健康。LGG也是世界上被广泛研究的益生菌菌株之一，目前已有超过1000篇公开发表的有关LGG的研究论文并拥有大量的临床研究文献。

2. LGG的细菌特性

LGG培养会产生不同于其他乳杆菌的黄油风味，它的菌落形态（colony morphology）呈白色奶油状。化学分析揭示，它可发酵纤维二糖、果糖、葡萄糖、甘露醇、甘露糖、松三糖、鼠李糖、核糖、水杨苷、山梨糖醇、海藻糖和木糖，它不能发酵乳糖、蔗糖和麦芽糖，也不能发酵苦杏仁苷、阿拉伯糖、赤藓糖醇、糖原、肌醇、蜜二糖或棉子糖（蜜三糖）。

LGG可产生细菌素，细菌素具有抗菌活性，可抑制细菌，如大肠杆菌、假单胞菌、葡萄球菌、链球菌、沙门氏菌、梭菌（*Clostridium*）、拟杆菌和双歧杆菌的生长。

3. 抗菌敏感性

LGG对很多常见的抗菌物质敏感，包括青霉素、氨苄青霉素、亚胺硫霉素和红霉素等。

4. 在小肠里的基因表达类型

2015年，伊洛伊-法德罗什（Eloe-Fadrosh）等人发表了关于摄入益生菌后老人肠道微生物组的功能动力学研究论文。研究对象是美国波士顿12名65～80岁老人，研究了LGG对他们肠道微生物菌群的结构和功能动力（基因表达）的影响，并评估了LGG的安全性和耐受性。该研究发现，摄入益生菌（LGG）并不会明显改变人体固有的微生物菌群，而是被给予了适当的调整[12]。换句话来说，如果不能在饮食中持续补充益生菌，益生菌只是短暂地在人体肠道停留。LGG摄入增加了相关基因的表达，这些基因与趋化性（chemotaxis）/迁移、细菌鞭毛运动、双歧杆菌的黏附以及产短链脂肪酸［如丁酸（盐）］的菌群［如罗斯氏菌和真杆菌（*Eubacterium*）］有关。较为重要的一点在于，丁酸盐是结肠细胞（colonocytes）的主要能量来源，参与细胞凋亡，传递NK-κB细胞因子信号，从而产生抗癌和抗炎的作用，同时也会降低上皮细胞黏膜层的渗透性。

另外，还有LGG对囊肿性纤维化（cystic fibrosis，CF）病人的肠道微生物菌群的影响研究。肠道感染/发炎是囊肿性纤维化的特征之一，假定通过摄入LGG减轻炎症就可有利于囊肿性纤维化病人的康复。布鲁泽斯（Bruzzese）等开展一项22名2～9岁儿童参与的试验，以安慰剂为对照，其间摄入LGG长达1个月。结果显示，LGG摄入有助于患有囊肿性纤维化的儿童的肠道微生物菌群多样化[13]。微生物多样性的减少与肠道炎症有关。患有囊肿性纤维化的儿童的肠道微生物菌群缺乏多样性，相关微生物的水平比未患病的对照儿童低。

5. 安全性

早在2002年，世界卫生组织和联合国粮农组织报告就涉及益生菌四个理论上存在的潜在的副作用，即系统性感染（systemic infection）、有害的代谢活动（deleterious metabolic activity）、过度的免疫刺激（excessive immune stimulation）和基因转移（gene transfer）。

（1）系统性感染。曾有LGG是否会导致系统性感染的争议，但在芬兰，1990—2000年的10年间，当地人较长时间食用含LGG的奶制品，没有出现食用安全问题，后续研究认为，系统性感染问题可以忽略不计。

（2）有害的代谢活动。一个有害的例子就是乳杆菌产生的右旋乳酸，有

文献报道右旋乳酸中毒与短肠综合征（short gut syndromes）相关，也就是指碳水化合物在小肠内吸收不良（malabsorption）导致更低pH，并支持产右旋乳酸细菌的过度繁殖。酸中毒就是小肠中吸收右旋乳酸所诱导的。值得注意的是，鼠李糖乳杆菌很大程度上只产生左旋乳酸，左旋乳酸的代谢不同于右旋乳酸的代谢，故不会导致酸中毒。LGG也不会因乳酸产生而与增加代谢性酸中毒综合征发生关联。

（3）过度的免疫刺激。这是益生菌对易感人群，如有主动免疫疾病的患者的一个理论上可能产生的副作用。免疫产生的细胞因子调节主要抗原呈递细胞（antigen presenting cell，APC）——树突状细胞（dendritic cells）并影响其在肠道内的作用。然而，LGG不同于病原细菌，不会产生主动免疫现象，也仅产生较低的炎症反应。

（4）基因转移。这是使用乳杆菌作为益生菌时需关注的问题。乳酸菌有质粒（plasmid）基因，可携带多种抗生素的抗性基因。当LGG和其他微生物，如抗万古霉素的肠球菌（vancomycin-resistant *Enterococcus*，VRE）同时定植在肠道时，两菌株（LGG和VRE）是否存在抗万古霉素基因（*VanA*和*VanB*）转移就是个问题。然而目前在乳杆菌里并未检出这类抗万古霉素的基因，所以也不必担心LGG的此类安全问题。

6. 临床研究

（1）抗生素相关性腹泻（AAD）。针对儿童和成人的大量临床试验证实LGG对抗生素相关性腹泻有预防作用。2015年，Szajewska等人开展了针对LGG预防儿童和成人抗生素相关性腹泻的研究，并进行了综合的荟萃分析（meta-analysis），研究包括1499名患者的12个随机对照试验（randomized controlled trial，RCT）。结果显示，与对照组相比，LGG组的患者患抗生素相关性腹泻的风险减少12.3%到22.4%不等，同时该分析也评估了摄入LGG降低艰难梭状芽孢杆菌相关性腹泻（*C. difficile*-associated diarrhea，CDAD）的风险，揭示了LGG组和对照组之间没有显著差异[14]。

（2）感染性腹泻。2009年，Basu等人进行试验，评估了使用不同剂量（10^{10}或10^{12}个活菌）的LGG对患有急性水样腹泻（acute watery diarrhea，AWD，主要由于轮状病毒感染引起）的印度儿童的治疗效果。患儿每天服用两次LGG，直到腹泻停止，或服用7天。结果显示，与对照组相比，患儿的腹泻频率在第4天后显著减少，腹泻持续时间减少2天。住院时间平均减少3天。结果还显示，较低剂量活菌数（如10^{10}个）和高剂量活菌数（10^{12}个）LGG摄入所产生的健康效果相同。也就是说，两种剂量对患者降低腹泻频率和缩短留院时间同等有效[15]。

（3）对呼吸道的益处。2015年Hojsak等人开展了一项随机、双盲、安慰剂对照，针对281名儿童的摄入LGG为期3个月的试验研究，结果显示，摄入LGG可用于预防和减少儿童上呼吸道感染[16]。

（4）免疫调节。既然过去的研究中曾发现益生菌可提升疫苗在黏膜的免疫应答，LGG也被研究用作流感减毒活疫苗的佐剂（adjuvant）。

2014年，Wu等建立的有关哮喘的动物（鼠）模型也显示口服益生菌LGG的益处，LGG可抑制过敏原诱导的肺炎炎症和肺气道对甲基胆碱的过高反应性（hyperreactivity to methacholine）。另外，在血清中可检测到各种与哮喘和过敏相关的炎症标记物和细胞因子。同时，LGG菌株也降低了血清中特定卵清蛋白（ovalbumin-specific）IgE的水平。这些发现都支持LGG治疗可作为哮喘和过敏反应的潜在治疗方法[17]。

（5）特定性（遗传过敏性）疾病。2011年，Nermes等人开展一项关于口服LGG（对照组是未摄入任何益生菌）对患有特定性（过敏性）皮炎的39名婴儿的皮肤和肠道微生物菌群的影响研究。结果显示，摄入LGG的婴儿体内可分泌IgA和IgM的细胞比例明显减少，在外周血中，白细胞中的CD19、CD27记忆B细胞比例增加。这表明益生菌有助于体液免疫应答的肠道成熟[18]。

（6）功能性腹痛和肠易激综合征。功能性腹痛在儿童中常见，占在

校学龄儿童的10%～15%。肠易激综合征也是一种常见的胃肠不适，在儿童中约占20%。

2010年，弗兰卡维拉（Francavilla）等进行了一项包含141名患有肠易激综合征或功能性腹痛的儿童的治疗研究，试验采用双盲、随机、安慰剂对照，持续八周治疗并继续八周跟踪，结果显示，摄入LGG可明显减少儿童腹痛发生频率和严重程度。这可能与LGG在人体肠道中短暂定植并建立起胃肠道微生物菌群屏障有关[19]。

二、鼠李糖乳杆菌HN001

1. 历史

鼠李糖乳杆菌HN001（*Lactobacillus rhamnosus* HN001）最早由新西兰奶制品研究所从食品（干酪）中分离得到，并且有超过30年的食用历史。该菌株从200多株候选益生菌中筛选而来，在低pH和较高胆汁浓度下具有很好的稳定性，被认为具有优质或超级益生菌的潜质。近些年来，世界各国的益生菌科学家和研究者正继续以该菌株进行一系列体外试验、活体动物试验和临床研究。

2. 安全性

鼠李糖乳杆菌一般被认为是安全的菌种，并且存在于人体的肠道和泌尿道内。极少有因此类乳杆菌而导致感染的情况或例子出现或被报道过。

就鼠李糖乳杆菌HN001而言，也有若干关于该菌株不同剂量下的继续和慢性毒性的体外或动物研究，小鼠每天接受的剂量范围在0.5亿～1000亿个菌体。这些研究都证实了该菌株是非病原性（non-pathogenic）和无毒性（non-toxic）的，且对健康鼠（动物）无副作用，具有安全性。

2009年，德克尔（Dekker）等人针对0～2岁婴幼儿湿疹的双盲、安慰剂对照研究表明，长期摄入鼠李糖乳杆菌HN001（每天服用60亿个活菌）是安全的，对这些2岁以下的婴幼儿敏感人群的成长、健康和耐受性等方面没有负面效果，也不会影响婴幼儿的肠道和免疫系统的正常发育[20]。

3. 基本特性、体外和动物研究

鼠李糖乳杆菌HN001具有优异的益生菌特性，可以通过胃肠道并在胃肠道内成活，可定植在人体（宿主）的肠道黏膜细胞上。体外试验证实该菌株可耐受胃的高酸环境和小肠中的胆汁盐（酸）等。

乳酸有两个旋光异构体（optical isomer），在人类、动物、植物和微生物体内，左旋乳酸是常见的碳水化合物和氨基酸代谢的中间体（intermediate）或最终产物（end product）。在动物和人体器官中，自身代谢合成的右旋乳酸可能形成自甲基乙二醛（methylglyoxal），从脂类或氨基酸代谢衍生而来。右旋乳酸在哺乳动物血液中的含量往往是很低的，为10^{-9}摩尔/升水平。目前研究表明，鼠李糖乳杆菌HN001在代谢时只产生左旋乳酸。

2001年，Gopal等开展的体外试验证实，鼠李糖乳杆菌HN001可利用来自乳制品的低聚半乳糖，且低聚半乳糖对该益生菌的生长有促进作用。

对肠内黏膜层的黏附和一定时间内的短暂定植是益生菌对人体产生有益作用的前提。定植在肠内的益生菌与肠道黏膜的相互作用与肠内免疫系统紧密联系，进而更好地调节免疫应答和肠道功能，同时阻止或限制病原微生物定植在肠内。研究显示，鼠李糖乳杆菌HN001对人体上皮细胞组织有很强的黏附能力，而非益生菌（如作为酸奶发酵剂成分的保加利亚乳杆菌）的黏附能力很弱。

I型糖尿病的胰岛素分泌不足和（或）代谢异常（如不正常的高血糖）。2008年，Alsalami等开展的动物（鼠）研究表明，摄入鼠李糖乳杆菌HN001（和乳双歧杆菌HN019等）可降低糖尿病动物的血糖水平（降低约50%）。试验结果预示某些特定的益生菌菌株的补充可能对标准的糖尿病治疗有帮助[21]。

不少动物研究显示，鼠李糖乳杆菌HN001可防止感染（如沙门氏菌感染等）。为了调查免疫系统水平的提升是否有利于提高对病原细菌的抵抗力，开展了一项动物（小鼠）试验，测试鼠李糖乳杆菌HN001的摄入对小鼠感染沙门氏菌（常见的胃肠道感染引发病菌）的保护作用。试验设计和模拟了单次（一次性）暴露在较高病原微生物水平（比如摄入高度污染的食品），和慢性（较长期）暴露于病原微生物（两种不同剂量持续一段时间）两种情况。对于受试组小鼠，分别采用在暴露于病原微生物之前摄入经预处理的益生菌，或暴露的同时摄入益生菌两种方式。结果显示感染（口服）具高度传染性的鼠伤寒沙门氏菌（*S. typhimurium*）的小鼠致死率较高，而受试组（摄入益生菌的小鼠）致死率低很多。对照组（没有摄入鼠李糖乳杆菌HN001）的小鼠最后只有2只成活（此组共29只），而受试组仍有27只存活下来（此组共30只）。受试组的小鼠血液和肠道流体样本中沙门氏菌抗体明显高于对照组。其他试验结果也显示，对照组小鼠的肝和脾中鼠伤寒沙门氏菌含量（数量）也明显高于受试组，同时，血液中产生的噬菌作用应答（the phagocytosis response of the blood）和腹膜白细胞（peritoneal leucocyte），也是受试组明显高于对照组。这些试验证实了摄入鼠李糖乳杆菌HN001可明显降低鼠伤寒沙门氏菌的感染，进而防止感染微生物可能易位到其他内脏器官（visceral organ）并对宿主造成危害。试验还证实了益生菌可提高动物（宿主）体内不同部位和宿主细胞对有害微生物进攻的自然免疫应答，提升腹膜白细胞里巨噬细胞和血液中的中性粒细胞的数量。

4. 临床研究

很多关于鼠李糖乳杆菌HN001的研究揭示了该菌株可满足各种关于益生菌功效和特性的严格要求。

进行鼠李糖乳杆菌HN001的人体各种潜在功效研究前，首先要考察菌株在人体肠道内的存活和定植情况。在长期的人体研究中，就摄入鼠李糖乳杆菌HN001对人体微生态的影响和调节也进行了广泛和深入的研究。结果显示，当持续摄入鼠李糖乳杆菌HN001时，在受试者粪便中该菌株的检出频率和检出浓度（活菌数）都增加很多。当停止持续摄入该菌株时，检出频率和检出浓度又回到原来的基准线。

　　鼠李糖乳杆菌HN001可成活地通过人体消化道，并在人体粪便中检测出来。长期服用该菌株并不会改变体内、粪便中常驻微生物菌群的组成或其生化特性。已有若干研究集中在此菌株对人体的免疫提升作用方面。人体免疫系统是针对外来感染性物质（细菌、病毒、寄生虫）、恶性细胞和其他有害因子的高度有效而复杂的防御系统。免疫系统的功能在于保护人体免受感染性、非感染性疾病的危害。胃肠道是人体内最大的免疫器官，包含体内约80%的抗体产生细胞。肠道微生物菌群也代表着人体免疫防御系统的核心要素之一。

　　鼠李糖乳杆菌HN001可提升人体的自然免疫功能。自然免疫的细胞感受器（effector）包括上皮细胞、噬菌细胞（单核细胞、巨噬细胞、中性粒细胞）和自然杀伤细胞。噬菌细胞可有效清除病原微生物，而自然杀伤细胞对防范病毒感染和对抗肿瘤细胞极为关键。鼠李糖乳杆菌HN001在有关健康成人和老人的人体研究中也显示了很好的免疫调节特性。这与之前的体外试验和动物研究的发现和结论保持一致。

　　2008年，威肯斯（Wickens）等对摄入鼠李糖乳杆菌HN001解决儿童湿疹的功效进行细致的研究。一项双盲、随机、安慰剂对照的临床试验研究了鼠李糖乳杆菌HN001在预防因过敏导致的婴儿湿疹和皮炎中的作用。在研究中，孕妇（35周）被随机挑选去服用鼠李糖乳杆菌HN001（受试组）或安慰剂（对照组），受试组每天摄入60亿个活性鼠李糖乳杆菌HN001，如果用母乳喂养婴儿，服用时间可高达6个月。婴幼儿从出生到2周岁，也被随机选择去接受同样剂量的处理，评估婴幼儿湿疹的流行状况和用皮肤探针测试（skin prick test）常见过敏原。结果显示，和对照组相比，受试组婴幼儿明显降低了患湿疹的风险（降低了50%），且更少患严重的过敏性皮炎。这意味着鼠李糖乳杆菌HN001可在高风险的婴幼儿中有效地减少患湿疹的风险。此研究也探索了孕妇服用此益生菌对血液（cord blood）和母乳中若干免疫

标记物的潜在效果（有助于预防婴幼儿湿疹），预示着益生菌在过敏预防（allergy prevention）方面的潜在机制[22]。

5. 鼠李糖乳杆菌 HN001 的益处总结

鼠李糖乳杆菌HN001是文献证实其功效且具有优异稳定特性的临床应用益生菌菌株之一，特别是在免疫系统调节领域。该菌株的健康相关益处可归纳如下：

（1）有助于帮助增强机体的天然防御系统；

（2）帮助加强老人的自然防御；

（3）有助于提升机体的抵抗力；

（4）对健康的免疫系统有积极的影响；

（5）减少过敏性皮炎的发生和严重程度；

（6）有助于改善肠道微生态菌群组分和体内菌群平衡。

第四节　罗伊氏乳杆菌

罗伊氏乳杆菌是乳杆菌属下的一大类，为革兰氏阳性杆状细菌。该杆菌的形态是常规的，但长度不算长。

一、历史

德国微生物学家格哈德·罗伊特（Gerhard Reuter）的大部分职业生涯是研究和理解人体的肠道微生物菌群，特别是乳杆菌和双歧杆菌两大属类。他在20世纪60年代发现了罗伊氏乳杆菌。该菌株曾经被归入发酵乳杆菌，后来研究发现这株菌不同于发酵乳杆菌，20世纪80年代对其进行重新分类，并以发现者罗伊特的名字命名为"罗伊氏乳杆菌"。

罗伊特发现人体小肠中乳杆菌较丰富，并且可在许多成人或儿童的粪便中找到。通过研究，罗伊特鉴别出罗伊氏乳杆菌和其他一些乳杆菌种类（例如，格氏乳杆菌），并发现它们是人体肠道微生物组的自源性原籍菌群。罗伊氏乳杆菌通常可从人体的空肠或回肠位置（jejunum/ileum），而非胃肠道的其他部位分离得到，偶然也可分离自人体粪便样本。

二、人体试验、动物模型和体外研究

1962年，罗伊特分离得到一株罗伊氏乳杆菌，最原始的名称是F275，后来该菌株储藏在美国典型菌种保藏中心，菌株号为ATCC23272，而在德国微生物保藏中心（DSM）亦保存了一株，菌株号为DSM20016。这两个源自F275的罗伊氏乳杆菌菌株的全基因序列被日本实验室（JCM1112）和新西兰实验室（DSM20016）于2008年正式公布。

在过去的十几年里，有研究者调查发现，国际上发表的关于罗伊氏乳杆菌对不同疾病和炎症模型的功效的论文大幅度增加，比如2006—2016年间有约926篇，而2001年前涉及罗伊氏乳杆菌的有134篇。但同属罗伊氏乳杆菌的不同菌株的来源和功效也不同。比如，欧洲市场上的罗伊氏乳杆菌ATCC55730分离自秘鲁女性的母乳，此菌株可耐酸和胆汁并能在人体肠道中成活。瑞典生物技术和益生菌研究公司在市场上发布了罗伊氏乳杆菌ATCC55730的另一个衍生菌株——罗伊氏乳杆菌DSM17938，在近些年有较多关于DSM17938菌株的临床研究结果发表。还有从口腔分离得到的罗伊氏乳杆菌ATCC PTA289，常和罗伊氏乳杆菌DSM17938一起用于人体，如牙龈炎和牙周病（periodontal disease）方面的临床研究[23, 24]。另外还有从健康女性阴道中分离得到的罗伊氏乳杆菌RC-14，常和鼠李糖乳杆菌GR-1一起，用于治疗女性细菌性阴道炎和改善阴道炎症状方面的研究，并在北美和欧洲超市、药店里中有市售产品。

三、功效和作用机制

1. 罗伊氏抗生素

作为人体来源的益生菌，罗伊氏乳杆菌菌株产生的抗菌复合物——罗伊氏抗生素，可杀死细菌、真菌和原生动物，并抑制病毒活动。2011年，Frese等人研究并发表文章认为，大多数动物来源的罗伊氏乳杆菌菌株不具备人体分离得到的罗伊氏乳杆菌菌株的产抗生素的能力[25]。该抗生素，即罗伊氏菌素被认为是复合3-羟基丙烯酸酯（3-hydroxypropionaldehye，3-HPA），是从丙三醇转变到1，3-丙二醇的媒介。目前已有研究认为，罗伊氏抗生素在人体微生物菌群中的作用是调整人体内对食源性病原细菌的抵抗，并还可能有助于其他的代谢活动[26, 27]。

2. 维生素的产生

人体来源的罗伊氏乳杆菌还可产生一定数量的维生素，包括氰钴胺（维生素B$_{12}$）、叶酸和硫胺素（维生素B$_1$），特别是维生素B$_{12}$与人类的恶性贫血有关。

3. 免疫调节

在过去十几年到二十年间，益生菌对人体免疫系统的影响一直是研究的主要领域。尽管组胺（histamine）在过敏应答中通常被认为是一种促炎症反应（proinflammatory）的细胞因子，但它同时也在肠道中起到抗炎的作用。

2015年，Gao等所做的一项研究，调查了罗伊氏乳杆菌菌株产生的组胺在动物（鼠，murine）大肠炎（colitis）模型中改善肠道炎症的作用。结果显示，罗伊氏乳杆菌通过膳食产生组胺来抑制大肠炎的产生。此研究表明通过肠道内微生物代谢产生的代谢物将对人体或宿主健康有很大的影响[28]。

四、预防和治疗人类疾病

1. 疝气（腹绞痛）（colic）

疝气在婴幼儿表现为不受控制的哭泣，周期持续数小时。临床上，当婴儿一天哭闹超过3小时，每周3次，超过3周就会被认为是疝气（腹绞痛）。

医学界对疝气的病因尚无定论，也无令人满意的治疗或缓解的手段。

2007年，萨维诺（Savino）等人揭示了使用罗伊氏乳杆菌ATCC55730可减少患腹绞痛的婴幼儿的哭闹次数。试验中，婴幼儿被分别安排使用罗伊氏乳杆菌或二甲硅油（simethicone，一种用于治疗或缓解疝气的药物产品）进行治疗。最初给婴儿每天服用1亿个罗伊氏乳杆菌活菌（受试组）或60毫克二甲硅油（对照组）。2周内受试组婴儿的哭闹次数明显减少。4周后，95%（39/41）的婴儿的哭泣时间减少超过50%，而对照组婴儿哭泣时间减少的只有7%（3/42）[29]。2010年，另一项食用罗伊氏乳杆菌DSM17938的双盲、安慰剂对照实验也论证了服用罗伊氏乳杆菌可明显改善婴幼儿的疝气（腹绞痛）症状[30]。

2013年，Roos等人对摄入罗伊氏乳杆菌的人群的粪便进行微生物菌群分析和分类鉴定，结果证实，罗伊氏乳杆菌的摄入并不会明显改变肠内微生物菌群的组成结构[31]。疝气很可能是一种异源性疾病（heterogenous disorder），我们现在虽不清楚为何摄入罗伊氏乳杆菌DSM17938能压制或缓解与腹绞痛有关的症状，但大量同类或相似的研究显示摄入此益生菌可影响肠道功能，增加肠道运动性（motility），减少翻胃/反流（regurgitation）或胃食管反流（gastroesophageal reflux），增加或加速肠道排空等[32]。

2. 坏死性小肠结肠炎（NEC）

坏死性小肠结肠炎是一种影响早产新生儿的疾病，此病导致肠道组织坏死。患有此病的患儿发病很快且致死率达30%～50%。此病的病因目前还不完全清楚，最近有研究认为是肠道微生物菌群和胆汁酸代谢问题导致发病。有数据显示，用母乳喂养的早产婴幼儿比用配方奶粉喂养的婴幼儿发生坏死性小肠结肠炎概率要低得多。

Rhoads等利用动物（幼鼠）模型调查了摄入罗伊氏乳杆菌DSM17938和ATCC4659（人体来源菌株）对减少坏死性小肠结肠炎严重程度的影响，结

果显示这两种益生菌都有效，都能在肠道中抑制因坏死性小肠结肠炎而产生的促炎症因子的产量[33，34]。

3. 感染性疾病

大多数临床试验显示摄入罗伊氏乳杆菌DSM17938可改善住院腹泻儿童的腹泻状况。2014年有一项针对336名墨西哥学龄前儿童、为期3个月（12周）的研究，研究证实，摄入罗伊氏乳杆菌缓解了腹泻儿童的病痛，与此同时，相关的呼吸道感染疾病也因摄入罗伊氏乳杆菌而减弱和得到改善。但若在接下来3个月中停止摄入罗伊氏乳杆菌等益生菌，仍能发现或观察到腹泻和呼吸道感染情况[35]。

4. 其他炎症性疾病

有研究揭示，摄入罗伊氏乳杆菌23272（等同于DSM0016）可改善和抑制因心理压力导致的感染性大肠炎。研究发现，压力诱导的大肠炎依赖于趋化因子CCL2，而补充罗伊氏乳杆菌可明显降低结肠内CCL2 信使核糖核酸（mRNA）的水平。

和炎症相关的疾病还有骨质疏松症（osteoporosis）。在女性更年期（绝经期）（menopause），骨质流失与雌激素（estrogen）减少有关，骨髓炎症会显著增加肿瘤坏死因子水平，导致骨质疏松症。2014年，Britton等人的动物模型研究显示，摄入罗伊氏乳杆菌6475可抑制骨质疏松或骨质流失（bone loss）[36]。

第五节　干酪乳杆菌和副干酪乳杆菌

乳杆菌这个属是乳酸菌的重要组成部分，其中干酪乳杆菌、副干酪乳杆菌和鼠李糖乳杆菌是三个代表菌种。三种乳杆菌组合在一起曾经被命名为干酪乳杆菌组（*L. casei* Group）。它们都是兼性厌氧、异型发酵的乳杆菌。1989年以前，干酪乳杆菌组包括5个亚种并包括代表性干酪乳杆菌

ATCC393，后来又被分为干酪乳杆菌（包括ATCC393）、副干酪乳杆菌（分成2个亚种）和鼠李糖乳杆菌。

一、历史

干酪乳杆菌和副干酪乳杆菌的各菌株主要分离自发酵食品，如葡萄酒、韩国泡菜（kimchi）或腌泡菜（pickle）等，还有发酵奶制品如干酪等。大量的试验、动物研究和临床研究已证实现有的一些干酪乳杆菌和副干酪乳杆菌菌株对人体有各种健康作用。

二、消化道疾病方面的临床应用

干酪乳杆菌Shirota是最早商业化的益生菌之一，由日本京都大学教授代田博士在1935年分离并被日本Yakult公司进行商业化应用到各类产品中，其中最风靡全球的典型产品就是益生菌饮品，中文名为"益力多"或"养乐多"。

2011年，一项临床试验评估了干酪乳杆菌对长期服用低剂量药物（阿司匹林）引起的小肠损伤的治疗效果，结果显示，服用药物后配合使用益生菌有好的治疗效果[37]。另外，在日本的一项研究显示，患有诺如病毒引起的病毒性肠胃炎的老人伴有发热现象，服用含干酪乳杆菌Shirota的益生菌饮品后，老人的发热情况得到缓解。这也是摄入干酪乳杆菌等益生菌后调节并纠正了患肠胃炎老人的肠道菌群不平衡所致[38]。2012年，另一项双盲、安慰剂对照研究评估了摄入含干酪乳杆菌CRL431的奶制品和益生元纤维对健康女性的口-盲肠（oro-cecal）肠道传输时间（interstinal transit time，ITT）的影响，结果显示，肠道传输时间在服用了合生元（益生菌加益生元纤维）奶制品后明显减少[39]。

2014年，沧木（Aoki）等人进一步研究了摄入含干酪乳杆菌Shirota的牛奶饮品对胃切除病人腹部症状、人体粪便微生物菌群和代谢产物的影响。

该双盲对照研究证实了持续摄入含干酪乳杆菌的饮品可有效缓解胃切除病人排便不规律的症状[40]。

三、控制细菌感染

2013年，藤田（Fujita）等开展了摄入含干酪乳杆菌Shirota的益生菌饮品对上呼吸道感染的影响研究。长达三个月的试验中选取了1072名志愿者，调查了干酪乳杆菌对预防感冒（即预防呼吸道感染）的影响。结果显示，服用含此干酪乳杆菌的益生菌饮品可减少或缩短急性上呼吸道感染的持续时间[41]。

四、免疫效果的提升

2012年一项随机、双盲、安慰剂对照，针对72名男性吸烟者的试验显示，每天饮用含干酪乳杆菌Shirota的益生菌饮品可增加人体自然杀伤细胞的活性。通常认为，吸烟不仅有害健康，并且会使人体内自然杀伤细胞活性降低[42]。

五、改善脂类代谢

2015年，Bjerg等研究调查了较年轻的健康成年人连续四周摄入副干酪乳杆菌W8的效果，揭示了益生菌可降低体内三酰基甘油（triacylglycerol）水平。另一项研究显示，摄入干酪乳杆菌Shirota可有效预防高脂饮食诱导的胰岛素的耐受性[43, 44]。

六、对抑郁的干预

2015年，Steenbergen等开展了一项随机、安慰剂对照、为期四周的试验，测试含有干酪乳杆菌W56的多菌株组合对认知反应能力和坏情绪的影响。该试验也检测了益生菌是否能降低非抑郁人群的认知反应能力。结果显示，摄入益生菌可能有助于减少产生与坏情绪相关的负面想法[45]。

第六节　植物乳杆菌

一、历史

除了从健康人的粪便中分离（人体来源）外，潜在的益生菌菌株还常可分离自黄油、牛奶、奶酪、发酵的土豆、发酵黄瓜、甜菜、卷心菜和生面团等。

现在的植物乳杆菌在1919年被丹麦人奥拉·詹森（Orla Jensen）命名为植物乳酸链杆菌（*Streptobacterium plantarum*）。

植物乳杆菌也是人体胃肠道正常微生物菌群的组成部分，可从人体肠腔、胃和十二指肠内分离出来。它能抵抗小肠胆汁酸的作用，可黏附在肠道黏膜上。在肠道内的定植和停留时间是成为益生菌的重要因素，摄入的益生菌通过胃和小肠后，在胃肠道内壁的持续黏附停留时间会影响细胞因子的产生。在一项研究中，健康新生儿（大于35周，体重大于1.8千克）在出生后第1天和第3天摄入含植物乳杆菌和低聚果糖（果寡糖，FOS）的合生元，研究发现合生元制剂在摄入三天后定植迅速。在益生菌摄入停止后，婴儿的肠道中该益生菌还会保留几个月。结果同时还显示，摄入该益生菌增加了肠道菌群中革兰氏阳性菌的多样性，降低了革兰氏阴性菌的数量。

数百年乃至上千年以来，乳酸发酵是人类用于保藏食品的传统方法。鼠李糖乳杆菌和副干酪乳杆菌常常被用于奶制品生产，而植物乳杆菌用于发酵植物性食品的生产。目前有较多临床研究和文献支持的植物乳杆菌菌株（例如植物乳杆菌299v，源自人体肠道内），能影响肠道微生物菌群，对人体健康和疾病预防起着积极的作用。2012年，博施（Bosch）等研究并评估了从儿童粪便中分离得到的植物乳杆菌CECT7315和植物乳杆菌7316的益生菌特性。结果显示，这两个菌株都能在胃肠道内存活并可黏附到肠道上皮细胞上，抑制肠内病原细菌的活性，诱导抗炎作用的细胞因子，如白细胞介

素–10的产生，临床研究证实了这些益生菌菌株对人体健康的益处[46]。

二、安全性

有很多临床试验证实植物乳杆菌299v作为益生菌或合生元制剂，用于治疗因抗生素引起的艰难梭状芽孢杆菌感染患者，可明显减少该有害菌在肠道中的定植[47]。拉耶斯（Rayes）等开展的关于肝移植病人（受试者）的对照研究显示，每天补充约200亿个植物乳杆菌299v和纤维可显著地降低病人术后（postoperative）感染的概率[48]。

有多项研究分析了使用不同载体（carrier）时，植物乳杆菌经口通过胃肠道后的存活率、定植和益生效果。2013年博韦（Bove）等人通过体外试验研究，模拟评估了植物乳杆菌WCFS1在不同载体下的缓冲和保护效果[49]。同时发现，摄入植物乳杆菌不但对病人没有任何可察觉的副作用，而且对病人有积极的健康益处。

三、用于肠易激综合征

2012年，Ducrotte等在一项使用植物乳杆菌299v（DSM9843）改善肠易激综合征的临床研究中，采用双盲、安慰剂对照、平行设计试验，试验中受试者随机每日服用一粒含植物乳杆菌的胶囊，连续四周，评估了腹痛、胀气和直肠排空感等的强度和频率。结果表明，此植物乳杆菌299v能改善肠易激综合征，受试者有效缓解了各种胃肠道功能不适的症状，特别是腹痛和胀气[50]。

当然也有其他研究论证使用植物乳杆菌299v能够（或未能）改善胃肠道不适等症状，但尚无摄入该益生菌有其他副作用的报道。换句话说，不同研究和报道都需进行包含益生菌的相似临床研究的荟萃整合分析来确定其意义或重要性。通过临床试验整合分析的结论是，目前这些针对病人的益生菌的有效性尚不十分清楚。

四、用于心血管疾病、胰腺疾病和呼吸道感染

2002年有研究报道摄入植物乳杆菌299v可降低引起心血管疾病的风险因素，如收缩压和瘦素蛋白（leptin）、纤维蛋白原、白细胞介素-6水平，从而认为在吸烟者中植物乳杆菌可作为一种有用的保护性制剂用以预防动脉粥样硬化。同时，另有研究表明，补充活性植物乳杆菌299v可有效减少胰腺脓毒症（pancreatic sepsis），减少必要的外科手术治疗次数。

贝里格伦（Berggren）等在2011年的研究论文认为，就呼吸道感染而言，摄入植物乳杆菌299v会降低患鼻咽炎（acquiring rhinopharyngitis episodes）的可能性，与对照组（没有摄入益生菌299v）相比，其发生率由67%降到55%[51]。

五、对妇科健康和铁吸收的影响

如前所述，女性阴道微生物菌群中优势菌群包括乳杆菌。植物乳杆菌P17630可以抑制阴道念珠菌病（假丝酵母病，vulvovaginal candidiasis，VVC），该菌株可黏附在阴道黏膜细胞上并降低白假丝酵母的黏附。2007年研究报道口服抗真菌药物氟康唑150毫克治疗后，使用植物乳杆菌P17630会增加无症状阴道念珠菌（阴道炎）病人的比例（与单纯使用抗真菌药物治疗相比，经过药物和益生菌联合治疗后，女性患病比例下降了）。2014年另一项回顾性研究报道了使用植物乳杆菌P17630预防假丝酵母引起的阴道炎复发，进一步评估了益生菌用于恢复阴道微生物菌群的效果[52]。此研究中有89名患白色念珠菌病的女性受试者。对照组每天用一定剂量的阴道软膏（azole vaginal cream）和安慰剂。受试组使用同样的治疗方案（azole-based protocol），但随后服用含植物乳杆菌P17630胶囊（1亿个活菌），一天一次，持续四周。研究结果确认在进行传统的急性白色念珠菌病治疗后，植物乳杆菌P17630可作为减轻阴道不适的预防性制剂（拜耳公司产品名为Gyno-Canesflor）。益生菌通过降低阴道pH和调整阴道乳杆菌群等机制来

改善女性阴道健康状况[53]。

此外，有研究证实摄入植物乳杆菌299v可在饮用含铁果汁饮料时加速人体对铁的吸收。两项临床研究中，分别有55名和59名女性参与，其中对照组未摄入含任何益生菌的饮料，受试组每天饮用含10亿个植物乳杆菌299v活菌的饮料。这些研究都证实了植物乳杆菌对妇科健康的益处[54]。

六、对代谢的影响

2015年，赫特（Hutt）等研究了摄入含植物乳杆菌TENSIA（DSM 21380）奶制品（每天摄入的益生菌干酪中含100亿个活菌，酸奶含60亿个活菌）对身体的影响，结论是食用此益生菌干酪或益生菌酸奶可降低舒张压和收缩压[55]。另有研究也显示食用含植物乳杆菌KY1032和其他益生菌可有降低甘油三酯（triglyceride-lowering）的效果。一项长达12周，每天服用含50亿个植物乳杆菌活菌的随机、双盲和安慰剂对照试验，其结果显示，服用益生菌组比对照组明显降低了（9Z）-9-十六碳烯酰胺（palmitoleamide）、棕榈酰胺（palmitic amide）、油酸酰胺（oleamide）和溶血磷脂酰胆碱（lysophosphatidyl choline，LysoPC）的产生，表明使用此植物乳杆菌可调控体内的代谢和脂类水平[56]。

七、对皮肤健康的影响

研究表明，植物乳杆菌HY7714可改善皮肤水合作用（hydration）并有抗光老化（antiphotoaging）效果[57]。在一项包括110名年龄为41~59岁的志愿者参加的为期12周的随机、双盲、安慰剂对照试验研究中，受试者每天使用100亿个活性植物乳杆菌HY7714。结果显示12周时，受试组比对照组的皮肤含水量（water content）增加了，皱纹的深度减弱。该植物益生菌菌株对皮肤有抗老化益处，具有用于营养美容产品的潜力。另有研究表明，植物乳杆菌或与其他益生菌的联合制剂对儿童的过敏性皮炎（atopic dermatitis，AD）有很好的治疗效果[58]。

总之，植物乳杆菌作为单一成分（如植物乳杆菌299v）、复合益生菌或合生元制剂都有着广泛的商业和临床应用前景。

第七节　芽孢杆菌

芽孢杆菌在自然界中很普遍，通常在土壤、水和源自植物的食品中富集。芽孢杆菌作为益生菌，一般比传统益生菌更稳定，主要在于它具有能形成内生孢子（endospore）的能力。

随着对芽孢杆菌认知的增加，含芽孢杆菌的益生菌产品在食品和膳食补充剂中有了更广泛的应用。主要的芽孢杆菌类益生菌包括枯草芽孢杆菌（*B. subtilis*）、凝结芽孢杆菌（*B. coagulans*）、克劳氏芽孢杆菌（*B. clausii*）、短小芽孢杆菌（*B. pumilus*）、地衣芽孢杆菌（*B. licheniformis*）和 蜡状芽孢杆菌（*B. cereus*）。凝结芽孢杆菌曾经被错误地命名为芽孢乳杆菌（*Lactobacillus sporogenes*）。

枯草芽孢杆菌主要存在于土壤中，但在人体和其他动物体内也有发现。它可在较高温度（如50℃）和不同pH中很好地生存。霍伊尔斯（Hoyles）等人从健康人体粪便分离得到若干芽孢杆菌，发现枯草芽孢杆菌不是体内正常菌群的主要成分，芽孢杆菌种类属于或来自克劳氏芽孢杆菌、*B. fordii*、地衣芽孢杆菌、短小芽孢杆菌、简单芽孢杆菌（*B. simplex*）、索诺拉沙漠芽孢杆菌（*B. sonorensis*）、淀粉芽孢杆菌（*B. thermoamylovorans*）和解淀粉芽孢杆菌（*B. amyloliquefaciens*）等。研究者推测芽孢杆菌可能从食物中摄取并进入人体肠道，并在肠道黏膜壁上因生成生物膜结构而成活[59]。

芽孢杆菌在不同国家都有广泛的应用，并在欧洲、北美和亚洲（包括中国）获得官方的食品法规许可。凝结芽孢杆菌（BC30等）也被认为是食用安全的。

有若干人体研究显示，摄入芽孢杆菌这类益生菌对人体肠道内环境起到

积极的作用[60]。研究发现摄入马铃薯芽孢杆菌（*B. mesentericus*）能增加双歧杆菌和乳杆菌的数量，同时提高血清中白细胞介素–10的水平，降低肿瘤坏死因子TNF–α的水平。在减轻腹泻的严重程度和病人住院时间、重建人体健康的微生物菌群、降低促炎症标记物、增加抗炎症标记物等方面具有功效和益处。

总之，由于当代科技与医学临床领域对芽孢杆菌类益生菌的安全性和功效尚缺乏足够了解和研究，这类微生物在人体健康方面并未得到完全的认可和普遍应用，其潜力并未被充分发掘与实现。随着这类益生菌在胃肠道内代谢活动研究的深入，以及更多有积极效果的人体临床试验的进行和数据积累，芽孢杆菌这种具有超级稳定性的益生菌在食品、医药和临床营养方面将可能有更广泛的、针对性的应用。

第八节　动物双歧杆菌（乳双歧杆菌）

双歧杆菌属来源于放线菌门（Actinobacteria），属于革兰氏阳性专性厌氧（anaerobic）菌，绝大多数双歧杆菌的DNA中具有高含量的鸟嘌呤（guanine，G）和胞嘧啶（cytosine，C）。迄今发现的双歧杆菌属已有31个种类，有9种可从人类粪便或口腔中找到，包括青春双歧杆菌、两歧双歧杆菌、短双歧杆菌、长双歧杆菌及其他种类。

一、历史、基本特性

双歧杆菌的发现归功于法国儿科医生亨利·蒂西耶（Henry Tissier），1899年他从母乳喂养的婴幼儿胃肠道内分离得到Y型或有分支的细菌（现在命名为双歧bifidus）。

历史上，细菌分类学曾把动物双歧杆菌和乳双歧杆菌看作是不同的种类，现在认为它们是同一种类，可看作动物双歧杆菌种下的两个亚种（动物

亚种和乳亚种）

动物双歧杆菌通常可存在并寄居于哺乳动物的结肠内，还可以分离自奶制品的培养物和培养基中。动物双歧杆菌（乳亚种）Bb-12对酸和氧化压力有很好的耐受性，可黏附在肠道黏膜，在奶制品培养基中生长，能利用牛奶蛋白和源自牛奶的肽类等，现已广泛应用于食品如发酵牛奶（酸奶等）、婴幼儿配方奶粉和膳食补充剂等各类产品中。

2010年，加里格斯（Garrigues）等人对著名的商业化益生菌菌株——动物双歧杆菌（乳亚种）Bb-12进行了全基因组测序[61]。

2010年，韦加（Veiga）等人建立的动物双歧杆菌DN-173010的动物模型显示，动物双歧杆菌对结肠炎有抗炎功效[62]。此效果与结肠内的代谢变化，如肠内腔pH降低，短链脂肪酸——乙酸（盐）、丙酸（盐）和丁酸（盐）的浓度增加高度相关，这些代谢产物的产生创造了一个有利于抑制体内有害菌（如肠球菌）的微生态环境。这类益生菌在体外试验中能耐受胆汁盐，可黏附到上皮细胞，保证整个肠内屏障的完整性。

2012年的一项动物试验显示，动物双歧杆菌（乳双歧杆菌）能将植物药（提取物）成分中的番泻苷（sennosides）水解成活性的小分子，从而减弱泻药（laxative）的效果。

另一项关于肠易激综合征的动物模型研究中，动物双歧杆菌Bb-12激活了压力应答，但下调了（downregulate）与肠易激综合征相关的某些炎症变化[63]。

二、临床研究

动物双歧杆菌DN-173010和Bb-12或乳双歧杆菌HN019及其同种其他菌株，无论是以发酵牛奶产品还是膳食补充剂产品的形式，都已被临床证实经口服摄入人体后，能成活地穿过人体胃肠道。

2008年，有一项衡量接种疫苗（口服疫苗）后，摄入益生菌对基础免疫反应影响的人体研究，研究还评价了摄入乳双歧杆菌Bi-07所产生的对特定免疫性的刺激能力。对照组摄入安慰剂麦芽糊精，受试组每天服用两粒乳双歧杆菌胶囊（100亿个活菌/粒），研究者收集0天（服用前）、21天、28天的血液样本，检测特定抗原产生的抗体（IgG）的水平。结果显示，受试组比对照组催生更高的IgG。这预示了乳双歧杆菌对免疫的刺激能力和特定的免疫性。在中国进行的326名儿童的研究中，含乳双歧杆菌的益生菌组合对儿童的呼吸道健康有帮助，此复合配方显示出可有效降低上呼吸道感染症状的持续时间并可减少治疗中抗生素的使用[64, 65]。

2009年，莱蒂宁（Laitinen）等人进行了摄入益生菌（动物双歧杆菌Bb-12和LGG的组合）对孕妇葡萄糖调节的研究。平衡的葡萄糖代谢（balanced glucose metabolism）会保证胎儿的健康成长，并赋予孕妇（母亲）和孩子长期的健康。研究者针对256名孕妇给予营养膳食干预并每天摄入100亿个活益生菌，在双盲、随机、安慰剂对照的试验中，对照组仅提供营养膳食，不摄入益生菌；受试组在提供营养膳食的同时补充益生菌。结果显示，受试组血糖浓度最低，并具有更好的葡萄糖耐受性（glucose tolerance）。好的葡萄糖耐受性会减少葡萄糖浓度上升的风险，需求的胰岛素浓度更低。此研究也证实了摄入益生菌可更好地控制人体血糖水平，也意味着摄入临床证实的益生菌给葡萄糖不耐受等症状提供了新的潜在的预防性（prophylactic）和治疗性手段[66]。

2015年，Eskesen等人进行的一项随机、双盲、安慰剂对照的平行试验证实，摄入动物双歧杆菌Bb-12后，可增加有便秘和腹部不适症状的健康成人的排便（defecation）频率[67]。

有大量专注于免疫性方面的有关动物双歧杆菌Bb-12的临床研究，结果都显示在健康或有疾病的人群中此益生菌均有多样的免疫调节效果。

现有研究证实含动物双歧杆菌的益生菌组合能提高流感疫苗的免疫应答。另有研究证实此益生菌对儿童和成人的呼吸道和肠内感染有积极的作用，可减轻呼吸道和肠道感染症状。

第九节　两歧双歧杆菌

两歧双歧杆菌最早也分离自婴幼儿肠道，是一种专性厌氧、革兰氏阳性、不产生孢子的细菌。两歧双歧杆菌也是正常结肠微生物菌群的重要组成部分，可在母乳喂养的婴幼儿结肠内发现。和其他双歧杆菌（如长双歧杆菌和短双歧杆菌）一样都属于人体肠道内占主导和共生的细菌种类。

两歧双歧杆菌所包含的不同菌株（Bb-06、mimbb-75、YIT 4007、YIT-10347、BbVK3、PRL2010、S17等）都是潜在的益生菌菌株，含两歧双歧杆菌的各种配方已被用于人体研究。

一、安全性

两歧双歧杆菌是双歧杆菌属的重要组成部分，作为人体来源的菌株，其安全性算是确信无疑的。2012年，日本学者山崎（Yamasaki）等人对极低出生体重的婴幼儿进行试验，摄入一定剂量的两歧双歧杆菌后，对人体产生了有益效果，此研究也证实了两歧双歧杆菌的食用安全性。

二、特性、试验研究

通过对几种不同的两歧双歧杆菌菌株的基因测序，结合蛋白质组学的研究，全球的科学家已发现了它们的代谢路径，以及在人体肠道内消化黏液的能力。

实验室的模拟研究确定了这类益生菌的特性，证实这类益生菌能够通过胃肠道后成活。某些经微胶囊化处理的两歧双歧杆菌经口服后可在体内存活，产生细菌素，它们的抗菌特性也因产生的胞外多糖包裹而提高。同时两歧双歧杆菌还可以提升肠道内的屏障作用，抑制癌变（carcinogenesis）的产生。

两歧双歧杆菌通常可定植在宿主组织内，规避免疫应答，体外试验证实

其有免疫和抗病毒的效果。

三、临床研究

有临床研究论证了两歧双歧杆菌对老人有潜在的免疫调节功效。2015年，Langkamp-Henken等人对学生群体的研究证实了两歧双歧杆菌R0071可降低学生患感冒比例和减少上呼吸道感染的风险[68]。

第十节　短双歧杆菌

短双歧杆菌也是双歧杆菌属中一个重要种类，它最早分离自健康婴幼儿的粪便。有研究认为，短双歧杆菌最早在儿童肠道内定植。也有研究评价了一系列短双歧杆菌的商业化菌株（如BBG-1、BR-03、B632、M-16V、CNCMI-4035等）在人体中的作用。短双歧杆菌还被用于肠易激综合征、溃疡性结肠炎和囊炎方面的临床治疗研究。

一、菌种特性和试验研究

短双歧杆菌的若干菌株在实验室被广泛研究，确定了完整的基因序列。这类益生菌也能通过胃肠道后存活并具有抵御胆汁盐的能力。短双歧杆菌所具有的全部酶性能会加速肠道内植物性多糖和黏液的消化。同时在合适条件和环境下，短双歧杆菌还能影响宿主的脂肪酸代谢。

实验室研究证实了短双歧杆菌有抵抗病原微生物、抗炎症和调节人体变态（过敏）应答的作用。2012年的研究也证实短双歧杆菌UCC2003产生胞外多糖包裹可能在某些免疫应答中扮演着重要角色。

二、临床研究

短双歧杆菌不同菌株的功效在多个不同的临床试验中得到充分评估。2013年，在日本由石关（Ishizeki）等人进行的临床研究中，除了对照组外，还分别设置了单菌株组和三菌株组，其中单菌株组，每人每天摄入 5×10^8 个短双歧杆菌M-16V活菌；三菌株组采用多菌株3倍剂量，分别为短双歧杆菌M-6V、长双歧杆菌Bb-536和长双歧杆菌婴儿亚种M-63，三种益生菌每天各摄入 5×10^8 个，共摄入益生菌活菌 1.5×10^9 个/天。研究调查了摄入益生菌对婴幼儿（出生时体重较轻）肠道菌群的影响效果和定植情况。

结果显示，三菌株组比单菌株组在第一周和第六周检测到的比例要高。益生菌组婴幼儿检测到的梭状芽孢杆菌的比例较低。在服用益生菌期间，短双歧杆菌M-16V和长双歧杆菌婴儿亚种M-63在超过85%的婴幼儿肠道内可检出，长双歧杆菌BB-536只有少于40%的婴幼儿肠道内被检出。单个双歧杆菌菌株和多剂量三菌株对维护婴幼儿正常的微生物菌群和形成早期双歧杆菌占主导的婴儿粪便微生物菌群都有帮助，但较高剂量和三菌株组合会有助于婴幼儿更早形成健康的肠内微生物菌群[69]。

2011年，在荷兰进行的一项益生菌（合生元）双盲、安慰剂对照，针对婴幼儿（出生7个月以上）的研究中，使用了短双歧杆菌M-16V和低聚半乳糖来预防、消除有过敏性皮炎的婴幼儿的哮喘症状。过敏性皮炎对婴幼儿的折磨和影响在于其可导致更高的发展成哮喘的风险，早期的合生元（益生菌）干预可降低这类患病婴幼儿的哮喘症状的发生概率。此研究中，婴幼儿服用合生元长达12周，1年后再评估呼吸道症状流行和哮喘治疗的情况。结果发现，使用益生菌（合生元）的治疗组的哮喘病症状［如喘息频率、不同于感冒的喘气和（或）呼吸噪声］明显低于对照组（13.9%/34.2%）。摄入益生菌组比对照组需要进行哮喘治疗的儿童人数更少（5.6%/25.6%）。这也证明了使用短双歧杆菌M-16V和益生元可预防患有过敏性皮炎婴幼儿的哮喘症状[70]。

在人体消化功能和结肠健康方面，短双歧杆菌也起到一定的积极作用。微生物的代谢产物如短链脂肪酸被认为可为结肠细胞提供能量。但短链脂肪酸过度产生却可能导致早产婴幼儿黏膜损伤。因为这类酸性代谢物过量可能

使婴幼儿极易发炎（irritating）。在2007年进行的一项安慰剂对照试验中，分析检测了66个早产新生儿粪便中的乳酸、乙酸、丙酸和丁酸浓度，然后给这些早产新生儿连续四周服用短双歧杆菌M-16V，结果显示，这些新生儿粪便中的丁酸浓度与对照组相比显著减少了。这意味着这种短双歧杆菌有助于防止低体重的早产新生儿患上诸如坏死性小肠结肠炎（NEC）等消化道疾病[71]。

第十一节　长双歧杆菌

长双歧杆菌也是双歧杆菌属的重要一员。长双歧杆菌包括三个亚种：长亚种（longum）、婴儿亚种（infantis）和猪亚种（suis），以前这三个亚种被分别看作是不同的双歧杆菌种类，比如长双歧杆菌婴儿亚种的原名是婴儿双歧杆菌。长双歧杆菌猪亚种是从猪的肠道中分离得到的，而婴儿亚种和长亚种则来自人类婴儿和成人的肠道。长双歧杆菌的各菌株（人体来源）是典型的母乳喂养的婴幼儿的肠道优势菌。目前研究较多和市场上可看到的长双歧杆菌有：长双歧杆菌婴儿亚种35624、长双歧杆菌BB536、长双歧杆菌es1、长双歧杆菌w11、长双歧杆菌NCC3001、长双歧杆菌1714、长双歧杆菌KACC91563、长双歧杆菌SPM1205、长双歧杆菌婴儿亚种ATCC15697等。

长双歧杆菌婴儿亚种35624在20多年前分离自人体正常肠道远端回肠的黏膜表面。该菌株是个强壮的益生菌，可通过胃肠道，耐胃酸，耐胆汁盐，可在肠内微生态环境中成活。

一、安全性

长双歧杆菌各菌株通常都被认为是食用安全的，也有大量试验证明其作为益生菌的安全性是毋庸置疑的。

体外和活体动物试验确定了一系列长双歧杆菌的特性和临床功能，包括其代谢、抗病毒能力、抗氧化、免疫调节和神经调整效果等，同时该菌株也对肠道运输和肠道天然屏障作用有贡献。

二、临床研究

尽管许多实验室和动物研究证实长双歧杆菌有助于改善人类多种疾病，如结肠炎、小肠吸收不良症（celiac disease）、食品和系统性过敏、坏死性小肠结肠炎和沙门氏菌感染等。但这些都还需要经过临床试验才能最终确定其功效。

产肠毒素的脆弱拟杆菌（enterotoxigenic *Bacteroides fragilis*，ETBF）被认为与急性或持续性的腹泻疾病、炎症性肠病、新生儿坏死性小肠结肠炎和结（直）肠癌有关联。拟杆菌门在肠道微生物菌群中是第二重要的主导微生物，仅次于细菌中的厚壁菌门，并且包含一些对宿主营养和黏膜免疫极为关键的共生体。在众多拟杆菌菌种中，脆弱拟杆菌属于条件致病的病原微生物。它是常见的厌氧细菌，可从常见的临床血（尿）样、血液感染和腹部脓肿（abscesses）中分离得到。在动物和人体研究中这类细菌被证实是导致腹泻等疾病的元凶之一。

2010年，一项随机、双盲、安慰剂对照试验中，受试者（27名65岁以上的老人）连续6周服用含长双歧杆菌的粉末（小袋2克装，1000亿个活菌/袋），在服用长双歧杆菌的第3周注射流感疫苗，在第5周评估抗体对流感疫苗产生的效价。研究对象在第6周被分成两组（BB536组和安慰剂组），继续服用长双歧杆菌14周以上。接下来记录流感、发热、抗生素服用状况和流感疫苗的抗体效价水平。结果发现：① BB536组在研究观察阶段没有感染流感，而对照组有5人感染流感。② BB536组仅有少数人（2人）发烧超过38℃，而对照组有8人。③ 与对照组（8人）相比，BB536组较少人（2人）需要抗生素治疗。④ 血液分析显示：在第5周，BB536组有明显高的中性粒细胞的杀菌活性和自然杀伤细胞活性，且这种效果能持续20周，而在对照组

这种效果会减弱。这些结果揭示了长双歧杆菌BB536可刺激人体免疫系统和激活自然杀伤细胞和中性粒细胞，从而降低老人感染流感等的风险[73]。

2012年，有一项研究调查了口服含长双歧杆菌的酸奶对粪便中检测出产肠毒素的脆弱拟杆菌（ETBF）健康人群的影响。通常健康人群有9%是ETBF携带者，本研究调查了420名健康成人，其中38人为ETBF携带者，这38人中有32人参与了该研究。设计随机、安慰剂对照试验，以服用无益生菌的牛奶的人群为对照组，受试组32人连续8周服用含长双歧杆菌Bb–536的酸奶。每次饮用的酸奶里含10亿个乳酸菌，超过1亿个活性长双歧杆菌。结果发现，受试组8周后ETBF的数量显著减少。对照组没有变化。此结果意味着益生菌酸奶可以去除人体微生物菌群中的潜在有害微生物ETBF[73]。

有关长双歧杆菌婴儿亚种35624的一项双随机安慰剂对照研究证实，无论是以腹泻还是便秘为主的肠易激综合征为研究对象，摄入较高剂量益生菌（1亿个活菌或以上）对肠易激综合征病人都有效果[74]。长双歧杆菌婴儿亚种35624菌株在其他试验和研究中还显示其抗炎和人体免疫提升作用[75]。

第十二节　布拉迪酵母

酵母属（*Saccharomyces*）是真菌的一个属类，其中包含很多菌株种类，有着广泛而多样化的用途。本节所介绍和探讨的布拉迪酵母，与源自细菌的益生菌不同，其个头要比细菌大，不会获得抗生素耐受性的基因，也不会被抗生素所影响。但如同无数的其他益生菌菌种（菌株）一样，也需要严格考察它应用于不同疾病时的菌种安全性，及其可能的针对胃肠道或其他疾病的各种潜在且经临床证实的功效。

一、历史

酿酒酵母（*Saccharomyces cerevisiae*）又称面包酵母或出芽酵母，是与人类关系最密切的一种酵母，酿酒酵母菌株有很长的用于烘焙和酿造工业的历史。布拉迪酵母是1920年由法国微生物学家亨利·布拉尔（Henri Boulard）在中南半岛进行研究可用于发酵过程的新酵母菌株时发现的。他注意到霍乱爆发期间，有人饮用一种特殊的茶而未染上霍乱。这种茶是使用传统热带植物（荔枝和山竹）的外皮烹煮后制成。他从中分离得到起关键作用的酵母菌株，并命名为布拉迪酵母。

二、作用机制

布拉迪酵母作为益生菌也必须作用在宿主某个确定位置（通常是皮肤、肠道、阴道等）才能发挥其功效。这些益生菌的作用机制可分为以下几个方面[76]。

（1）解毒效果（antitoxin effect）。去除或降解大肠杆菌、艰难梭状芽孢杆菌毒素等。

（2）生理性防护。包括对肠内细胞间紧密连接的维护、对外来有害细菌的黏附、减少入侵。

（3）对人体正常微生物菌群的调节。维护肠内微生态的平衡，避免抗生素所致的肠内菌群减少。

（4）代谢调整。产生短链脂肪酸，支持正常的结肠功能。

（5）营养效果或干预。增加双糖酶的活性，对抗病毒性腹泻，支持肠内上皮细胞的成熟。

（6）免疫系统调节。增加分泌型免疫球蛋白A（sIgA）水平，提升肠道免疫防御。

（7）对病原微生物的抑制。对细胞信号起作用，减少炎症细胞因子的合成。

三、临床研究

全球的科学家在过去的近50年里对布拉迪酵母进行了广泛的研究，并发表了至少350多篇公开研究论文（1975年1月—2015年10月），涉及内容和主题多样，包括关于功效的随机对照试验、安全性和动力学研究、作用机制研究、研究回顾和综述、安全性报告及质量控制报告等。目前，此益生菌酵母的使用遍及欧洲、美洲、中东和亚洲各国[77]，但产品质量各有不同。2010年，比利时做了关于市场上产品标签标有布拉迪酵母的15个产品的调查，发现竟然有13个产品中的活菌浓度比标签浓度低了一个数量级[78]。

有关布拉迪酵母CNCM I-745的随机、安慰剂对照的临床研究论文也很多，特别是在1995—2015年这20年间更是呈指数增长。论文发表最多的前三位研究集中在治疗儿童腹泻（pediatric diarrhea）、抗生素相关性腹泻（AAD）和幽门螺杆菌感染（H. pylori infection）。

布拉迪酵母对其他疾病治疗和改善的临床研究不如前面提到的3种疾病多，且研究也不够深入，但也有潜在的治疗效果或进一步研究的潜力。现将开展的相关研究简单归纳如下：

（1）有助于改善和治疗炎症性肠炎（可看作是一种慢性的、免疫相关的炎症性腹泻）；

（2）有助于改善肠易激综合征；

（3）有助于减轻成人腹泻、旅行者腹泻、肠内营养相关的腹泻和HIV相关的腹泻症状；

（4）减少低体重新生儿发生坏死性小肠结肠炎的比率；

（5）辅助抗生素治疗艰难梭状芽孢杆菌感染；

（6）治疗贾第虫病（giardiasis，主要由于饮用水源污染引起的）；

（7）减少早产儿脓毒症（sepsis）发生的比例；

（8）减轻年轻人的痤疮症状；

（9）改善肝脏功能，如婴幼儿的高胆红素血症（hyperbilirubinemia）。

总之，布拉迪酵母可作为一种潜在的治疗性益生菌，有其清楚的作用机制、临床研究和证实其功效的文献和证据。布拉迪酵母的临床最有效剂量通常建议为每天10亿～100亿个或以上，治疗时间7～180天。对急性儿童腹泻（acute pediatric diarrhea）、预防抗生素相关性腹泻和其他腹泻、降低因抗生素治疗幽门螺杆菌感染而产生的副作用以及其他胃肠道疾病等都有一定的效果。

参考文献

[1] REISTER M，HOFFMEIER K，KREZDORN N，et al. Complete genome sequence of the gram-negative probiotic *Escherichia coli* strain Nissle 1917[J]. Journal of biotechnology，2014：106-107.

[2] VASSILIADIS G，DESTOUMIEUX-GARZON D，LOMBARD C，et al. Isolation and characterization of two member of the siderophore-microcin family，microcins M and H47[J]. Antimicrob agents chemother，2010，54（1）：288-297.

[3] ALTERMANN E，RUSSELL W M，AZCARATE-PERIL M A，et al. Complete genome sequence of the probiotic lactic acid bacterium *Lactobacillus acidophilus* NCFM[J]. Proc nat acad sci USA，2005，102（11）：3906-3912.

[4] PALOMINO M M，ALLIEVI M C，MARTIN J F，et al. Draft genome sequence of the probiotic strain *Lactobacillus acidophilus* ATCC 4356.[J]. Genome announcements，2015，3（1）DOI：10.1128/genomeA.01421-14.

[5] COX A J，WEST N P，HORN P L，et al. Effects of probiotic supplementation over 5 months on routine haematology and clinical chemistry measures in healthy active adults[J]. European journal of clinical nutrition，2014，68（11）：1255-1257. DOI：10.1038/ejcn.2014.137

[6] LEYER G，LI S，MUBASHER M，et al. Probiotic effects on cold and influenza-like symptom incidence and duration in children[J]. Pediatrics，2009，124（2）：e172-179.

[7] VIRAMONTES-HORNER D, MARQUEZSANDOVAL F, MARTINDELCAMPO F, et al. Effect of a symbiotic gel （*Lactobacillus acidophilus* + *Bifidobacterium lactis* + inulin） on presence and severity of gastrointestinal symptoms in hemodialysis patients[J]. Journal of renal nutrition, 2015, 25（3）: 284-291.

[8] DSOUZA B, SLACK T, WONG S W, et al. Randomized controlled trial of probiotics after colonoscopy[J]. Anz journal of surgery, 2017, 87（9）. DOI: 10.1111/ans.13225.

[9] ALONSO V R, GUARNER F. Linking the gut microbiota to human health[J]. Br j nutr, 2013, 109: S21–S26.

[10] EJTAHED H S, MOHTADI-NIA, J, HOMAYOUNI-RAD A, et al. Effect of probiotic yoghurt containing *Lactobacillus acidophilus* and *Bifidobacterium lactis* on lipid profile in individual with type 2 diabetes mellitus[J]. J dairy sci, 2011, 94（7）: 3288-3294.

[11] ZIADA D H, SOLIMAN H, YAMANY S A, et al. Can *Lactobacillus acidophilus* improve minimal hepatic encephalopathy? A neurometabolite study using magnetic resonance spectroscopy[J]. Arab journal of gastroenterology, 2013, 14（3）: 116-122.

[12] ELOE-FADROSH E A, BRADY A, CRABTREE J, et al. Functional dynamics of the gut microbiome in elderly people during probiotic consumption. Mbio, 2015, 6（2）: 1-119.

[13] BRUZZESE E, CALLEGARI M L, RAIA V, et al. Disrupted intestinal microbiota and intestinal inflammation in children with cystic fibrosis and its restoration with *Lactobacillus* GG: a randomised clinical trial[J]. PloS One, 2014, 9（2）: e87796.

[14] SZAJEWSKA H, KOLODZIEJ M. Systematic review with meta-

analysis: *Lactobacillus rhamnosus* GG in the prevention of antibiotic-associated diarrhoea in children and adults[J]. Alient pharmacol ther, 2015, 42（10）: 1149-1157.

[15] BASU S, PAUL D K, GANGULY S, et al. Efficacy of high-dose *Lactobacillus rhamnosus* GG in controlling acute watery diarrhea in Indian children: a randomized controlled trial[J]. J clin gastroenerol, 2009, 43（3）: 208-213.

[16] HOJSAK I, SNOVAK N, ABDOVIC S, et al. *Lactobacilus* GG in the prevention of gastrointerstinal and respiratory tract infection in children who attend day care centers: a randomized double-blind, placebo-controlled trial[J]. Clin nutr, 2015, 29（3）: 312-316.

[17] WU C, CHEN P, LEE Y, et al. Effects of immunomodulatory supplementation with *Lactobacillus rhamnosus* on airway inflammation in a mouse asthma model[J]. Journal of microbiology immunology and infection, 2016, 49（5）: 625-635.

[18] NERMES M, KANTELE J M, ATOSUO T J, et al. Interaction of orally administered *Lactobacillus rhamnosus* GG with skin and gut microbiota and humoral immunity in infants with atopic dermatitis[J]. Clin exp allergy, 2011, 41（3）: 370-377.

[19] FRANCAVILLA R, MINIELLO V, MAGISTA A M, et al. A randomized controlled trial of *Lactobacillus* GG in children with functional abdominal pain[J]. Pediatrics, 2010, 126（6）: e 1445-1452.

[20] DEKKER J, WICKENS K, BLACK P N, et al. Safety aspects of probiotic bacterial strains *Lactobacillus rhamnosus* HN001 and *Bifidobacterium animalis* subsp. *lactis* HN019 in human infants aged 0–2 years[J]. International dairy journal, 2009, 19（3）: 149-154.

[21] ALSALAMI H, BUTT G, FAWCETT J P, et al. Probiotic treatment reduces blood glucose levels and increases systemic absorption of gliclazide in diabetic rats[J]. European journal of drug metabolism and pharmacokinetics, 2008, 33（2）: 101-106.

[22] WICKENS K, BLACK P N, STANLEY T V, et al. A differential effect of 2 probiotics in the prevention of eczema and atopy: a double-blind, randomized, placebocontrolled trial[J]. J allergy clin immunol, 2008, 122: 788-794.

[23] INIESTA M, HERRERA D, MONTERO E, et al. Probiotic effects of orally administered *Lactobacillus reuteri*-containing tablets on the subgingival and salivary microbiota in patients with gingivitis. A randomized clinical trial[J]. J clin periodontol, 2012, 39（8）: 736-744.

[24] VESTMAN N R, CHEN T, HOLGERSON P L, et al. Oral microbiota shift after 12-week supplementation with *Lactobacillus reuteri* DSM 17938 and PTA 5289: a randomized control trial[J]. Plos one, 2015, 10（5）: e0125812.

[25] FRESE S A, BENSON A K, TANNOCK G W, et al. The evolution of host specialization in the vertebrate gut symbiont *Lactobacillus reuteri*[J]. Plos genet, 2011, 7（2）: e1001314.

[26] LANGA S, MARTIN-CABREJAS I, MONTIEL R, et al. Short communication: combined antimicrobial activity of reuterin and diacetyl against foodborne pathogens[J]. J dairy sci, 2014, 97（10）: 6116-6121.

[27] SAULNIER D M, SANTOS F, ROOS S, et al. Exploring metaboic pathway reconstruction and genome-wide expression profiling in *Lactobacillus reuteri* to define functional probiotic features[J]. Plos one, 2011, 6（4）: e18783.

[28] GAO C, MAJOR A, RENDON D, et al. Histamine H_2 receptor-

mediated suppression of intestinal inflammation by probiotic *Lactobacillus reuteri*[J]. Mbio, 2015, 6（6）: e01358-1415.

[29] SAVINO F, PELLE E, PALUMERI E, et al. *Lactobacillus reuteri* （American Type Culture Collection Strain 55730）versus simethicone in the treatment of infantile colic: a prospective randomized study[J]. Pediatrics, 2007, 119（1）: 124-130.

[30] SAVINO F, CORDISCO L, TARASCO V, et al. *Lactobacillus reuteri* DSM 17938 in infantile colic: a randomized double-blinded, placebo-controlled trial[J]. Pediatrics, 2010, 126（3）: e526-533

[31] ROOS S, DICKSVED J, TARASCO V, et al. 454 pyrosequencing analysis on faecal samples from a randomized DBPC trial of colicky infants treated with *Lactobacillus reuteri* DSM 17938[J]. Plos one, 2013, 8（2）: e56710.

[32] INDRIO F, RIEZZO G, RAIMONDI F, et al. *Lactobacillus reuteri* accelerates gastric emptying and improves regurgitation in infants[J]. Eur j clin invest, 2011, 41（4）: 417-422.

[33] LIU Y, FATHEREE N Y, MANGALAT N, et al. *Lactobacillus reuteri* strains reduce incidence and severity of experimental necrotizing enterocolitis via modulation of TLR4 and NF0kappaB signaling in the intestine[J]. Am j physiol, 2012, 302（6）: G608-617.

[34] KANTOROWSKA A, WEI J C, COHEN R S, et al. Impact of donor milk availability on breast milk use necrotizing enterocolitis rates[J]. Pediatrics, 2016, 137（3）: 1-8.

[35] GUTIERREZ-CASTRELLON P, LOPEZ-VELAZQUEZ G, DIAZ-GARCIZA L, et al. Diarrhea in preschool children and *Lactobacillus reuteri*: a randomized controlled trial[J]. Pediatrics, 2014, 133（4）: e904-909.

[36] BRITTON R A, IRWIN R, QUACH D, et al. Probiotic *L. reuteri*

treatment prevents bone loss in a menopausal ovariectomized mouse model[J]. J cell physiol, 2014, 229（11）: 1822-1830.

[37] ENDO H, HIGURASHI T, HOSONO K, et al. Efficacy of *Lactobacillus casei* treatment on small bowel injury in chronic low-dose aspirin users: a pilot randomized controlled study[J]. J gastroenterol, 2011, 46（7）: 894-905.

[38] NAGATA S, ASAHARA T, OHTA T, et al. Effect of the continuous intake of probiotic-fermented milk containing *Lactobacillus casei* strain Shirota on fever in a mass outbreak of norovirus gastroenteritis and the faecal microflora in a health service facility for the aged[J]. Br j nutr, 2011, 106（4）: 549-556.

[39] MALPELI A, GONZALEZ S, VICENTIN D, et al. Randomised, double-blind and placebo-controlled study of the effect of a synbiotic dairy product on orocecal transit time in healthy adult women[J]. Nutr hosp, 2012, 27（4）: 1314-1319.

[40] AOKI T, ASAHARA T, MATSUMOTO K, et al. Effects of the continuous intake of a milk drink containing *Lactobacillus casei* strain Shirota on abdominal symptoms, fecal microbiota, and metabolites in gastrectomized subjects[J]. Scand j gastroenterol, 2014, 49（5）: 552-563.

[41] FUJITA R, IIMURO S, SHINOZAKI T, et al. Deceased duration of acute upper respiratory tract infections with daily intake of fermented milk: a multicenter, double-blinded, randomized comparative study in users fo day care facilities for the elderly population[J]. Am j infect control, 2013, 41（12）: 1231-1235.

[42] REALE M, BOSCOLO P, BELLANTE V, et al. Daily intake of *Lactobacillus casei* Shirota increases natural killer cell activity in smokers[J]. Br j nutr, 2012, 108（2）: 308-314.

[43] BJERG A T, KRISTENSEN M, RITZ C, et al. Four weeks supplementation with *Lactobacillus paracasei* subsp *paracasei* Lcasei W8（R）shows modest effect on triacylglycerol in young healthy adults[J]. Benef microbes, 2015, 6（1）: 29-39.

[44] HULSTON C J, CHURNSIDE A A, VENABLES M C. Probiotic supplementation prevents high-fat, overfeeding-induced insulin resistance in human subjects[J]. Br j nutr, 2015, 113（4）: 596-602.

[45] STEENBERGEN L, SELLARO R, VAN HEMERT S, et al. A randomized controlled trial to test the effect of multispecies probiotics on cognitive reactivity to sad mood[J]. Brain behav immun, 2015, 48: 258-264.

[46] BOSCH M, RODRIGUEZ M, GARCIA F, et al. Probiotic properties of *Lactobacillus plantarum* CECT7315 and CECT7316 isolated form faeces of healthy children[J]. Lett appl microbiol, 2012, 54（3）: 240-246.

[47] PANIGRAHI P, PARIDA S, PRADHAN L, et al. Long-term colonization of a *Lactobacillus plantarum* synbiotic preparation in the neonatal gut[J]. J pediatr gastroenterol nutr, 2008, 47（1）: 45-53.

[48] RAYES N, SEEHOFER D, HANSEN S, et al. Early enteral supply of *Latobacillus* and fiber versus selective bowel decontamination: a controlled trial in liver transplant recipients[J]. Transplantation, 2002, 74（1）: 123-127.

[49] BOVE P, RUSSO P, CAPOZZI V, et al. *Lactobacillus plantarum* passage through an oro-gastro-intestinal tract simulator: carrier matrix effect and transcriptional analysis of genes associated to stress and probiosis[J]. Microbiol res, 2013, 168（6）: 351-359.

[50] DUCROTTE P, SAWANT P, JAYANTHI V. Clinical trial: *Lactobacillus plantarum* 299v（DSM 9843）improves symptoms of irritable bowel syndrome[J]. World j gastroenterol, 2012, 18（30）: 4012-4018.

[51] BERGGREN A, AHREN I L, LARSSON N, et al. Randomised, double-blind and placebo-controled study using new probiotic *Lactobacilli* for strengthening the body immune defense against viral infection[J]. Eur j nutr, 2011, 50（3）: 203-210.

[52] CARRIERO C, LEZZI V, MANCINI T, SELVGGI L. Vaginal capsules of *Lactobacillus plantarum* P17630 for prevention of relapse of Candida vulvovaginitis: an Italian multicentre observational study[J]. Int j probiotics, 2007, 2: 155-162.

[53] DE SETA F, PARAZZINI F, DE LEO R, et al. *Lactobacillus plantarum* P17630 for preventing Candida vaginitis recurrence: a retrospective comparative study[J]. Eur j obstet gynecol reprod biol, 2014, 182: 136-139.

[54] HOPPE M, ONNING G, BERGGREN A, et al. Probiotic strain Lactobacillus plantarum 299v increases iron absorption from an iron-supplemented fruit drink: a double-isotope cross-over single-blind study in women of reproductive age[J]. Br j nutr, 2015, 114（8）: 1195-1202.

[55] HUTT P, SONGISEPP E, RATSEP M, et al. Impact of probiotic *Lactobacillus plantarum* TENSIA in different dairy products on anthropometric and blood biochemical indices of healthy adults[J]. Bebef microbes, 2015, 6（3）: 233-243.

[56] AHN H Y, KIM M, AHN Y T, et al. The triglyceride-lowering effect of supplementation with dual probiotic strains *Lactobacillus curvatus* HY7601 and *Lactobacillus plantarum* KY1032: reduction of fasting plasma lysophosphatidylcholines in nondiabetic and hyper-triglyceridemic subjects[J]. Nutr metab cardiovasc dis, 2015, 25（8）: 724-733.

[57] LEE D E, HUH C S, RA J, et al. Clinical evidence of effects of *Lactobacillus plantarum* HY7714 on skin aging: a randomized, double blind,

placebo-controlled study[J]. J microbiol biotechnol，2015，25（12）：2160-2168.

[58] YANG H J，MIN T K，LEE H W，et al. Efficacy of probiotic therapy，on atopic dermatitis in children：a randomized，double-blind，placebo-controlled trial[J]. Allergy asthma immunol res，2014，6（3）：208-215.

[59] HOYLES L.HONDA N A，HALKET G，et al. Recognition of greater diversity of *Bacillus* species and related bacteria in human faeces[J]. Res microbiol，2012，163（1）：3-13.

[60] HONG H A，KHANEJA R，TAM N M K，et al. *Bacillus subtilis* isolated from the human gastrointerstinal tract[J]. Res microbiol，2009，160（2）：134-143.

[61] GARRIGUES C，JOHANSEN E，PEDERSEN M B. Complete genome sequence of *Bifidobacterium animals* subsp. *Lactis* Bb-12，a widely consume probiotic[J]. J bacteriol，2010，192（9）：2467-2468.

[62] VEIGA P，GALLINI C A，BEAL C，et al. *Bifidobacterium animalis* subsp *lactis* fermented milk product reduces inflammation by altering a niche for colitogenic microbes[J]. Proc natl acad sci USA，2010，107：18132-18137.

[63] BAROUIE J，MOUSSAVI M，HODGSON D M. Effect of maternal probiotic intervention on HPA axis，immunity and gut microbiota in a rat model of irritable bowel syndrome[J]. Plos one，2012，7（10）：e46051.

[64] PAINEAU D，CARCANO D，LEYER G，et al. Effects of seven potential probiotic strains on specific immune responses in healthy adults：a double-blind，randomized，controlled trial[J]. Fems immunology and medical microbiology，2008，53（1）：107-113.

[65] OUWEHAND A C，LEYER G，CARCANO D，et al. Probiotics reduce incidence and duration of respiratory tract infection symptoms in 3- to 5-year-old

children[J]. Pediatrics, 2008, 121: S115.

[66] LAITINEN K, POUSSA T, ISOLAURI E, et al. Probiotics and dietary counselling contribute to glucose regulation during and after pregnancy: a randomised controlled trial[J]. Br j nutr, 2008, 101 (11): 1679-1687.

[67] ESKESEN D, JESPERSEN L, MICHELSEN B, et al. Effect of the probiotic strain *Bifidobacterium animals* subsp *lactis* Bb-12, on defecation frequency in health adults with low defecation frequency and abdominal discomfort: a randomized, double-blind, placebo-controlled parallel-group trial[J]. Br j nutr, 2015, 114: 1638-1646.

[68] LANGKAMP-HENKEN B, ROWE C C, FORD A L, et al. *Bifidobacterium bifidum* R0071 results in a greater proportion of healthy days and a lower percentage of academically stressed students reporting a day of cold/flu: a randomised double-blind, placebo-controlled study[J]. Br j nutr, 2015, 113: 426-434.

[69] ISHIZEKI S, SUGITA M, TAKATA M, ET AL. Clinical microbiology effect of administration of bifidobacteria on intestinal microbiota in low-birth-weight infants and transition of administered bifidobacteria: a comparison between onespecies and three-species administration[J]. Anaerobe, 2013, 23: 38-44.

[70] DER AA L B, VAN AALDEREN W M, HEYMANS H S, et al. Synbiotics prevent asthma-like symptoms in infants with atopic dermatitis[J]. Allergy, 2011, 66 (2): 170-177.

[71] WANG C, SHOJI H, SATO H, et al. Effects of oral administration of *Bifidobacterium breve* on fecal lactic acid and short-chain fatty acids in low birth weight infants[J]. Journal of pediatric gastroenterology and nutrition, 2004, 44 (2): 252-257.

[72] NAMBA K, HATANO M, YAESHIMA T, et al. Effects of

Bifidobacterium longum BB536 administration on influenza infection, influenza vaccine antibody titer, and cell-mediated immunity in the elderly[J]. Bioscience, biotechnology, and biochemistry, 2010, 74 (5) : 939-945.

[73] ODAMAKI T, SUGAHARA H, YONEZAWA S, et al. Effect of the oral intake of yogurt containing *Bifidobacterium longum* Bb-536 on the cell number of enterotoxigenic *Bacteroides fragilis* in microbiota[J]. Anaerobe, 2012, 18 (1) : 14-18.

[74] WHORWELL P J, ALTRINGER L, MOREL J G, et al. Efficacy of an encapsulated probiotic *Bifidobacterium infantis* 35624 in women with irritable bowel syndrome[J]. The American journal of gastroenterology, 2006, 101 (7) : 1581-1590.

[75] GROEGER D, OMAHONY L, MURPHY E F, et al. Bifidobacterium infantis 35624 modulates host inflammatory processes beyond the gut[J]. Gut microbes, 2013, 4 (4) : 325-339.

[76] MCFARLAND L V. Systematic review and meta-analysis of *Saccharomyces boulardii* in adult patients[J]. World j gastroenterol, 2010, 16 (18) : 2202-2222.

[77] MCFALAND L V. From yaks to yogurt: the history, development and current use of probiotics[J]. Clin infect dis, 2015, 60 (S2) : S85-90.

[78] VANHEE L M, GOEME F, NEILS H J, et al. Quality control of fifteen probiotic products containing *Saccharomyces boulardii*[J]. J appl microbio, 2010, 109 (5) : 1745-1752.

第十五章　如何选择全球市场上的益生菌类产品

当我们走进超级市场、日用品店、健康食品店、药店或光顾大型综合性商场时，往往很容易在相关的食品、营养保健品和药品专柜里发现多种多样的含有益生菌的产品。如何在琳琅满目的益生菌类产品中作出合适的选择，对普通消费者（并非益生菌和微生态专家）而言，的确是一个令人头痛的难题。

首先，先让我们回顾一下欧洲市场上的含益生菌的发酵奶制品和膳食补充剂（在国内称其为保健食品）的质量状况。早在2002年，比利时根特（Gent）大学的R. Termmerman博士等人完成了对欧洲市场中55个益生菌产品的调查和研究，并在《国际食品微生物》杂志上发表了一篇论文。据该文称，被调查和检测的样品包括了来自8个欧洲国家的30种市售益生菌补充剂（保质期通常为24个月，常温保存）和25种发酵奶制品（保质期通常为30天，冷藏保存）。对这些市售产品进行分析和测试，得出如下结果：25种发酵奶制品中，乳酸菌活菌数在10万～10亿个/毫升（因不同培养基的使用而有所变化）。30种益生菌补充剂（16种胶囊、9种粉末或颗粒剂、5种片剂）中，有11种补充剂（占37%）未能分离到成活的细菌（益生菌），另外19种检测到活性益生菌或活的乳酸菌的补充剂产品（占73%）中，益生菌或乳酸菌活菌数介于1000～100万个/克（因不同培养基的使用而有差别）。经检测约有47%的益生菌补充剂和40%的发酵奶制品所含有的菌种类型未在产品成分里提及。22种（73%）益生菌补充剂和16种（64%）发酵奶制品声称含有的益生菌菌种未被检出。此项研究虽并非在极精准严格的测试条件下进行，但也基本反映了当时市售产品的现状，存在令人担忧之处。

其次，让我们考察和总结一下2019—2020年及之前北美（美国和加拿大）益生菌市场和产品的状况。北美含益生菌的功能性食品、婴幼儿配方奶粉和益生菌补充剂市场也是目前全球最大、产品品种齐全且较成熟的益生菌商业化的应用市场。尽管北美市场的品类极为参差不齐、繁杂和多样化，但我们考察和选择北美的高质量益生菌产品时也会遵循几个基本原则：

（1）在美国食品药品监督管理局（FDA）有"通常被认为是安全的（GRAS）"认证的益生菌菌株或有加拿大天然和非处方健康产品局批准了"天然产品编号（NPN）"的可用于食品的益生菌菌株；

（2）在加拿大已被作为食品补充剂和含益生菌食品中使用的商业化的、临床应用的益生菌菌株；

（3）用于每个产品中的益生菌菌株都有公开的临床研究证据和一定的或充足的文献支持；

（4）对于多菌株组合产品，临床证据是指具体的组合的证据或数据，而非经由单个益生菌菌株的临床数据推断出来的。

北美市场上销售的产品中所使用的各种临床益生菌菌种（株）也很多，基本上全球所有益生菌生产和研发企业的核心益生菌菌种、临床菌株或产品都能在北美大众消费市场上看到或在标签上被找到。比如嗜酸乳杆菌CL1285、长双歧杆菌婴儿亚种25624、乳双歧杆菌（Bb-12、HN019、

B420、Bi-07）、短双歧杆菌M-16V、长双歧杆菌Bb536、鼠李糖乳杆菌（GG、HN001）、布拉迪酵母CNCM-I745、植物乳杆菌299v、罗伊氏乳杆菌17938、干酪乳杆菌Shirota[1,2]等等。

北美益生菌产品诉求和健康声称也很广泛，主要集中在口腔健康、胃肠道健康（肠易激综合征、炎症性肠病、功能性腹痛、腹泻、便秘等）、儿童健康、女性健康和肝脏健康等领域[3,4]。

除了益生菌酸奶和功能性食品外，大部分保健食品和补充剂产品每天（次）活菌剂量以10亿～100亿个活菌为主。仅有个别接近药物或医用食品的产品的活菌剂量在每天或每袋1000亿或数千亿个以上。

目前，市场上不同类型的益生菌类产品，未必都具有类似的营养保健和预防治疗疾病的价值。即便人们发现某几个产品都标有相同的益生菌的名字，那也不能说明什么问题。原因在于不少益生菌产品都未能指出该产品中所含有的益生菌的准确菌株名、保质期内益生菌的数量以及益生菌的存活情况。市场上的某些产品仅标明了生产时添加或出厂时的不同益生菌的总活菌数，而未说明保质期内的实际益生菌数目和益生菌存活与否或可能的衰减情况。

不仅是益生菌的生产制造商和使用者，益生菌产品的大众消费者也应该明白，全球普通标准的益生菌种类和菌株大量存在且都有差异，只有那些经临床证实其功效且具有天然的耐酸性的强壮菌株才是益生菌类功能性食品、保健食品和膳食补充剂产品中最佳的组分与选择。目前可用于或已用于商业化生产的优良的益生菌菌株依然十分有限或比例不大。某些运用了所谓的肠内微胶囊包埋技术来使普通的益生菌菌株能在酸性环境存活的说法也值得商榷，原因在于天然益生菌菌株并非肠内包埋的，包埋过度会使益生菌在肠内不能很好且及时地释放，从而对人体起不到应有的健康效果，况且包埋材料是否会把益生菌杀死或减弱其存活性还不得而知。

如前所述，益生菌在发酵食品（乳品、肉制品、泡菜等）中的应用已有极为悠久的历史，但益生菌类保健食品、膳食补充剂和药品的出现及快速发展还是近20年的事情。特别是部分益生菌类保健食品或补充剂中所使用的益生菌菌株根本没有经过动物和人体临床研究证实，有的产品中所使用的细菌并没有任何在人体安全使用的记录，个别产品中甚至含有对人体健康可能没有任何益处的微生物，如来自土壤的微生物等。比如，很多产品中都含有嗜酸乳杆菌，但世界上有成千上万个不同的嗜酸乳杆菌菌株，并非所有的嗜酸乳杆菌菌株都具有优良的耐酸性（保证通过人体胃酸的考验且活着到达肠道）和某些特殊的功能（降胆固醇，定植在人体肠道、呼吸道或泌尿道，抑制致癌物质产生等）。举例来说，源自人体的嗜酸乳杆菌NCFM，最早是在20世纪70年代被美国北卡罗来纳州的食品微生物专家斯佩克（Speck）和吉利兰（Gilliland）分离得到，该菌株由另一位专家T. Klaenhammer和世界各地其他研究机构的研究者进行了较彻底的研究，并在若干体外和体内实验中均证实了它能通过胆汁和胃酸环境的考验并活着黏附在肠黏膜细胞上，临床研究也证实了该菌株具有同化胆固醇、降低粪便细菌酶（细菌酶催化的反应，能将致癌物质前体转化成为致癌物质）活性、生成细菌素（具有特定拮抗活性的杀菌蛋白）等诸多益处。但也有部分研究报道认为，该菌株暂不能理想地用于泌尿道感染领域且未有抗感染蛋白出现。因该菌株并不能有效地黏附在女性阴道黏膜上发挥作用，仍未证实它能起到调节女性阴道菌群、改善和治疗细菌性阴道炎的效果。

一般来说，每日摄入益生菌的剂量不能太少，但也无须过多，通常每个个体耐受量差异不小，建议最好长期连续服用，每日应坚持摄入至少1亿～10亿个或更高剂量的经临床证实的活性益生菌，才能对人体保健和预防各类胃肠道相关疾病有所帮助。这里所指的益生菌通常不包括酸奶发酵剂用的常规嗜热链球菌和保加利亚乳杆菌。

市面上已出现了含有多个益生菌菌株的益生菌食品或补充剂，有时多达5～10个或更多，但未有任何研究证实多种益生菌的组合就一定比单个或

2～4个益生菌混合的产品更有效。相反，若将很多没有安全使用历史，或未经临床充分研究的菌株混合使用，不同的细菌之间是否会发生对抗或在人体肠道中是否会产生不期望的效果还不得而知。目前源自乳杆菌属的许多细菌素已被识别和确定，实际上，混合嗜酸乳杆菌和其他种属（如保加利亚乳杆菌等）的产品也有可能因这些不同种乳杆菌间的细菌活性差异而阻碍治疗效果。将若干未经临床证实的不同益生菌菌株组合在一起，以期达到"广谱性"的提高健康水平甚至"包治或预防百病"的做法，只能是一厢情愿，甚至可能变成仅是可能无害的产品或食品而已。

市场上益生菌保健食品或补充剂的包装种类也很多。由于大多数益生菌都是厌氧微生物，所以越密闭的包装材料会使益生菌在室温条件下保存得越好一些。例如，玻璃瓶可能比普通塑料瓶要更密封一点，包装前进行抽空气和充氮处理也是个不错的选择。

市场上充斥着大量的含益生菌的奶制品（酸奶等）和非奶制品类的益生菌补充剂（丸剂、胶囊、粉末或颗粒剂、片剂、口服液等），不管益生菌类产品为何种形态，均需要重点关注不同产品内所含的菌株类型、数量和存活状态。对益生菌酸奶或饮品而言，更要注意产品包装上所标注的保存日期，通常离出厂日期越近的酸奶产品越可能含有较高的活菌数。比如建议选用在出厂后两周内的保证合格的含益生菌的发酵奶制品。当然，对奶制品极为过敏的人也可避免选用益生菌奶制品，而较多地选用益生菌补充剂。普通的成人消费者亦可选用益生菌胶囊，这类包装服用和携带都较为方便。益生菌粉末（固体饮料）、颗粒或咀嚼片更适合儿童和老人。液态的益生菌类产品（例如益生菌口服液）通常保质期较短且活性益生菌的数目较少，处于液体培养基内的益生菌产品在保质期内更可能发生变化甚至菌种变异，这类产品缺乏竞争优势，在主流市场上已基本被淘汰。

有太多的因素使得现代人体内缺乏益生菌而未能建立和保持健康的微生物菌群或微生态平衡，进而容易引起各种胃肠道不适及其他相关疾病，故每日补充一定剂量的且经临床证实的益生菌类产品，是一简单可行的保健和预防疾病的方法。一般而言，胃肠道越健康的人群，摄入益生菌越有可能没有明显的效果或体验。每日补充的剂量因不同人群而不同，通常介于10亿～100亿个活菌数之间。益生菌和其他多种有益健康的膳食补充剂对人体健康起着不容忽视的作用，但并不能完全取代健康而均衡的日常饮食和良好的生活习惯，只有把它们有机地结合起来，才是最佳的保健之道。

参考文献

[1] BRENNER D M，CHEY W D. *Bifidobacterium infantis* 35624：a novel probiotic for the treatment of irritable bowel syndrome[J]. Reviews in gastroenterological disorders，2009，9（1）：7-15.

[2] SAMPLALIS J，PSARADELLIS E，RAMPAKAKIS E. Efficacy of BioK + CL1285® in the reduction of antibiotic-associated diarrhea-a placebo controlled double-blind randomized，multi center study[J]. Archives of medical science，2010，6（1）：56-64.

[3] ROMANO C，FERRAU V，CAVATAIO F，et al. *Lactobacillus reuteri* in children with functional abdominal pain （FAP）[J]. Journal of paediatrics and child health，2014，50（10）：68-71.

[4] LUNIA M K，SHARMA B C，SHARMA P，et al. Probiotics prevent hepatic encephalopathy in patients with cirrhosis：a randomized controlled trial[J]. Clinical gastroenterology and hepatology，2014，12（6）：1003-1008.

第十六章　益生菌及基于微生物组研究的产品的未来

21 世纪被称为生命科学和预防保健医学的世纪。保健产业重要组成部分中的功能性食品、营养品、保健食品、膳食补充剂和常备药品等各类产品，已逐渐开始成为人们日常饮食和保健中不可或缺的选择，而基于微生物组研究的各类产品，如益生菌普通食品和保健食品、医用食品、膳食补充剂、微生态制剂和益生菌或活菌药物正以其显著的功效而为更多的消费者和患者所认同，并开始在全球热销和广泛采用。

当代医药和营养保健界已对感染性疾病有了较清醒的认识：致病的微生物是危险而强大的敌人，目前的科技水平和人类的能力根本无法彻底消灭它们，新型的微生物疾病继严重急性呼吸综合征（SRAS）、人感染高致病性禽流感（H5N1病毒引起）、中东呼吸综合征①（MERS）之后还将会不断出现。人类一方面要不断研究应对之策，如药物和可用的疫苗；另一方面还要

---

① 中东呼吸综合征. 即由 Middle East Respiratory Syndrome Cornnavirus，一种简称 MERS-Cov 的冠状病毒引发的疾病，于 2012 年 9 月发现于中东的沙特阿拉伯。

合理地使用抗生素类药物或抗病毒类药物，重视和加强人体自身所拥有的微生态平衡和强有力的免疫系统，使人类拥有更强的抵抗力、免疫力，更佳的自我调节能力及自愈能力，以面对疾病的威胁。

第一节　益生菌与新型冠状病毒肺炎

2019年12月初，在中国武汉发现了新型冠状病毒肺炎（COVID-19）（简称为"新冠肺炎"）患者，在随后1～2月内疾病迅速蔓延到湖北省全境，扩散到其他省份和境外。2020年1月中旬前后正值中国农历新年春节的客运高峰期，节前人口大范围流动已造成新冠肺炎在中国各地的扩散，并被确认存在人–人传播。中国政府果断行动，采取了史无前例但强有力的干预手段——封城和全国联防联控以期拯救生命，战胜疫情。2020年2月，新冠肺炎在亚洲的韩国、日本和欧洲各国迅速蔓延。2020年3月，新冠肺炎疫情已在美国和加拿大等北美国家开始快速发展，接下来的几个月内在全球快速传播。2020年5月1日，根据世界卫生组织实时统计数据，全球确诊新冠肺炎约为318万多人，约5个月时间，全球累计死亡人数已超过22.4万人。根据美国约翰·霍普金斯大学发布的全球新冠肺炎数据实时统计系统的数据，被检测确认感染新冠肺炎的美国患者约110万人，死亡超过6.45万人。又过了两个多月（截止到欧洲中部时间2020年7月12日10时，北京时间7月12日16时），据世界卫生组织实时统计数据显示，全球累计新冠肺炎确诊病例已超过1071万人，美国超过324万人，全球累计死亡病例超过56.5万人，美国死亡人数超过13.4万人。其实还有很多未被检测出的无症状感染者或通过自身免疫力而获痊愈的患者未纳入统计之中。包括中国在内的215个国家和地区都有确诊病例或受到影响。毫无疑问，这意味着一场席卷全球的流行性疾病已全面爆发并在持续发酵与蔓延中。同时，据《人民日报》（来源国家卫生健康委员会）的报道，中国31个省（自治区、直辖市）（统计没有涉及香

港、澳门和台湾地区）在2020年7月12日0—24时，有新增确诊新冠肺炎病例8例，均为境外输入病例，新冠肺炎疫情在严控下基本得到了较好的遏制。

2020年2月28日发表在《新英格兰医学杂志》的一篇关于新冠肺炎的研究文章表明，新冠病毒感染的病人的死亡率统计结果约为2%，但因大量无症状、轻微症状患者没有统计在内，实际死亡率可能小于1%，总的临床结果可能与严重的季节性流感或全球性流感爆发（比如1957年和1968年的流感大流行）的死亡率（0.1%）相当[1]。但死亡率还是远低于SARS（9%~10%）和MERS（36%）。新冠病毒传染数为2.2，这意味着，每个感染者还可感染另两个人或更多，比流感传染数（1.3）要高，有传染性。换句话说，只有这个传染数降低到1或更小数值，疫情传播才会逐渐被控制或疫情逐步停止扩散。

2020年的研究发现，感染新冠肺炎的无症状患者也可能感染其他人，这使得全球范围控制疫情的爆发极为困难[2]。至今对付新冠肺炎并无特效药物，治疗仅限于支持性照料，给严重的病人提供氧气、流体和呼吸支持等。早期研究数据显示有三种药物对新冠肺炎的治疗可能有一定效果：① 氯喹（chloroquine）：一种抗疟疾特效药物；② 蛋白酶抑制剂，如利托那韦（ritonavir）：一种用于艾滋病治疗的药物；③ 瑞德西韦（remdesivir）：一种抗病毒药物，以前用于对抗埃博拉病毒（大规模的人体临床试验曾在中国进行）。潜在的疫苗研制成功（从2020年3月算起，至少需1年时间）也许对治疗新冠肺炎才有更积极的意义，才能起到预防和根治的作用。

既然现在暂时无疫苗和确切功效的药物可用，经常洗手，保持卫生清洁，避免与感染者接触，加强我们人体自身的免疫功能才是预防新冠肺炎最好的策略。我们人体内微生物菌群（特别是在肠道中的益生菌）与人体和谐相处，达成一种动态的平衡。它们帮助人体消化食物，去除毒素，产生各种对人体有益的活性物质或分子，激活人体免疫系统。科学界把这些人体肠道微生物定义为肠道微生物组[3]。当代医学和科学进步已经把肠道微生物组的结构和组成，微生物组与疾病、健康的关联研究提升到更高的水平。益生菌和其他微生物组学研究成果等组成的提升人体免疫力的产品正是当代科技界研究并与工业界进行市场合作、开发的热点之一。

第二节　益生菌及微生物组产品的展望

正如前述章节所介绍的，微生物菌群失调伴随着微生物种类多样性的缺失，从而与多种疾病产生关联，这些疾病包括腹泻、Ⅱ型糖尿病和常见的感染性疾病等[4]。人体摄入临床证实的高质量益生菌可以与人体内肠道微生物组产生相互作用，从而加强我们人体的免疫系统，增加免疫应答，提升有重要生理意义的具体免疫信号的传输等[5]。

追溯人类通过预防类的药物或生物制品（如疫苗）来尝试消灭疾病的历史，已有近千年。一般的药物主要针对患病人群，用于治疗和减轻病人的症状。预防类疫苗主要用于健康人群，从"防患于未然"的角度来进行预防、控制和消灭某类疾病的发生。这类基于免疫学理论、经验和生物技术的生物产品也必将给人类感染性疾病的预防、治疗和控制带来新的美好前景。早在1993年4月，《斯堪的纳维亚营养》杂志上刊登了克拉斯·隆纳（Clas Lonner）在瑞典隆德会议上发表的以"活的乳酸菌——未来的疫苗？"为标题的文章。某些乳酸菌作为益生菌的重要组成部分，在全球范围有着悠久的使用历史和较广泛的研究，人们对乳酸菌中的某些益生菌（双歧杆菌、乳杆菌、乳酸乳球菌等）的研究也愈来愈深入和全面。1995年，克里格（Krieg）发现，非甲基化胞嘧啶鸟嘌呤二核苷酸的DNA片段具有激活 B细胞的作用，进一步的研究表明，含特定结构的细菌DNA或人工合成寡核苷酸，能够活化哺乳动物与人的B细胞、巨噬细胞和自然杀伤细胞，并增强其功能和细胞因子的分泌，促进T细胞应答，具有免疫佐剂的作用。

目前，国内外正在进行着若干关于口服乳酸菌疫苗或把乳酸菌与益生菌作为疫苗佐剂的研究项目。益生菌（如乳酸乳球菌）类生物制剂也具有免疫佐剂的作用，当其与抗原同时或预先注入人体时，可增强机体对抗原的免疫应答或改变免疫应答的类型。现相关研究已取得了阶段性的成果和进展，这将促进未来的非病原性细菌疗法（或称益生菌疗法）及其在健康食品和膳食补充剂领域的应用和在相关产业的可持续发展。人类在未来能否找到更有效的益生菌，使之服务于人类健康，甚至起到近似疫苗类生物产品的作用，仍需更长的时间和更多的科研与投入。

2001年10月，联合国粮农组织和世界卫生组织在阿根廷召开了关于食品中益生菌的健康和营养特性的科学会议。会议中，欧美各国的专家们讨论了益生菌产品的规格、质量保证和法规问题。该会议报告指出，由于各国的法规不同，尚未建立全球统一的益生菌产品标准，大部分国家将益生菌应用于食品和膳食补充剂领域。以美国为例，益生菌类补充剂产品可以是口服丸剂、颗粒或粉末剂、片剂、胶囊和液体等，可在健康食品店或通过互联网等电商或社交媒体渠道销售。事实上，目前仅有我国和少数欧美国家使用特定的益生菌菌株作为活菌药物或微生态制剂，并在医院和药店里销售，还可宣称其对某种疾病有具体的治疗效果。

在阿根廷召开的这次益生菌专家会议建议，关于某些疾病减轻的宣称应被允许用在已经过充分研究和证实了其功效的具体的益生菌菌株上。与会的欧美各国专家们一致认为，具有良好临床研究的特定菌株是安全的，并可赋予人体某些健康益处，但这些益处并不能推广到其他未经临床证实的同类菌株上。

益生菌的安全性评估仍将是一个需长期关注和考察的问题。世界各国的益生菌专家已基本达成共识：从安全性角度考虑，作为食品中使用的益生菌菌株一般不宜采用肠球菌，原因在于肠球菌可能产生毒素并对抗抗生素，如对万古霉素就有很强的抵抗作用，肠球菌一旦获得耐药性将后患无穷。乳杆菌和双歧杆菌有很长的安全食用历史，几乎没有危害人类健康的报道和案例，但对它们进行耐药性检测还是必要的。不同益生菌菌株的安全性，仍需要通过大量的人体实验和诸多体外或动物实验来证实。新型的益生菌菌株将使用专门的测试手段。例如，对该菌株的代谢活动的评估，确定抗生素耐受性的类型，评估其在人体研究中的副作用，市场销售后消费者中负面报道的调查与监督，使用益生菌对免疫妥协动物缺乏感染性的评估等。

益生菌的功效或临床证实的有效性，既是证明与区别不同的益生菌菌株的益处的关键，也是营养保健食品和膳食补充剂产品得以发展并与部分相关药品市场进行竞争的必要条件。二期临床试验常被用于药物的评估许可过程，但未来将可能作为评估益生菌健康益处的度量标准。目前全球的益生菌产品中，仅有少部分被批准为药物，例如前面提及的一种用于治疗克罗恩病的由八种益生菌菌株混合的产品；还有某种特殊的酵母菌株、经证实其安全性的大肠杆菌菌株或其他非乳酸菌菌株，都可作为医用益生菌在医院和药店销售。截止到2019年底，中国已有约20个益生菌或微生态制剂与活菌药物被批准上市。

采用严格的生产标准与规范，是高质量益生菌类产品的必要保障。欧美的部分益生菌产品是按美国食品药品监督管理局的标准或在欧洲制药质量保证法规下进行生产并符合"良好制造规范"（GMP）标准的。高标准的生产将有助于提高益生菌产品的质量及其在保质期内的稳定性。

益生菌类产品的持续发展和人类健康、营养与临床研究的结果密不可分。采取合适而科学的步骤，使益生菌研究得到政府的支持，并与更多的医学团体共同研究，才能逐步得到医药、营养、生物科技界和大众的广泛信服与认可，走上可持续发展之路。在此过程中，有许多值得深入探讨和解决的问题。比如，使用益生菌的国家指导方针尚需统一和进一步贯彻，将一期和二期临床数据应用于益生菌菌株及益生菌产品并验证其确定的健康益处，耐胃酸、胆汁酸和胰腺酶的新型益生菌的临床研究，抗病毒益生菌的筛选和研究，等等。

在未来，对益生菌所产生的酶（有时俗称为酵素）及其他代谢产物的研究与应用，将会有巨大的发展潜力。人体内有2000多种内源酶，它们通过不同的机制共同维护着正常的生命活动。随着一个人年龄增长、环境变化、饮食结构和生理变化、药物治疗等诸多因素的影响，人体内所需的各种酶类也会相应地发生数量的下降，甚至出现缺乏，从而使人体处于亚健康状态或导致疾病。因此，国内外的微生物与医药专家提出了"益生酶"的概念，即需要补充能使机体恢复或维护健康和防治疾病的酶。

另外，在继益生菌、益生元和合生元之后，国外近些年也出现了一个可并列使用的新名词"后生元（postbiotics）[6]"。所谓后生元，就是有益微生物（活的或死的益生菌）及其代谢物的统称，它通常是指不能独立存活的细菌产物或代谢副产物，但在宿主体内具有生物活性。后生元的例子如微生物衍生出的短链脂肪酸（SCFA）和黄酮类化合物（flavonoid）。后生元的另一来源是指能促进代谢效果的来自活菌或死菌的微生物成分。

2017年，加拿大麦克马斯特（MacMaster）大学和多伦多大学的医学和免疫学专家、德国基尔（Kiel）大学临床分子生物学研究所的专家们合作研究并在国际学术期刊《细胞代谢》联合发文公布他们的研究结论并指出，人体肠道菌群失调有助于肥胖和胰岛素抗性；使用抗生素、益生元和益生菌的干预和治疗也因特异性微生物或微生物组成的持续变化而受限；包括细菌成分如脂多糖（lipopolysaccharide）在内的后生元可改善代谢性内毒血症患者的胰岛素抗性；细胞壁衍生出的胞壁酰二肽（muramyl dipeptide，MDP）是一种胰岛素增敏的后生元，胞壁酰二肽可降低饮食诱导的胰岛素抗性[7]。

值得关注的是，生命科学和工程技术的新进步使得利用基因工程、基因修饰技术或基因编辑技术（CRISPR）来获得新型菌株成为可能，CRISPR技术是一种强大的编辑工具，它能够根据需要剪切和粘贴/拼接基因，这会创造出具有比天然益生菌菌株更优越特性的基因工程菌并获得可能的疗效，它们暂时还不能广泛地用于人类健康领域，仍具有很大的潜力。作为有益基因载体的食品级工程菌，未来也将用于食品、药品、生物制品、化妆品、营养保健和医学临床领域。

科技改变着世界与人们的生活。在未来，世界各地，包括中国市场上将会出现更多基于微生物组研究进展、经科学研究和医学临床证实其安全性和有效性的益生菌菌种（株）、有益菌的代谢物和包含多种功能因子、生物活性成分组合的创新产品。这必将极大地改善人们的生活品质，从而使人们远离病痛，更健康，更加充满活力。

参考文献

[1] FAUCI A S，LANE H C，REDFIELD R R. Covid-19——navigating the uncharted[J]. N Engl j med，2020，382：1268-1269.

[2] LEUNG C. Clinical features of deaths in the novel coronavirus epidemic in China[J]. Rev med virol，2020，16：e2103. DOI：10.1002/rmv.2103.

[3] QIN J，LI R，RAES J，et al. A human gut microbial gene catalogue established by metagenomic sequencing[J]. Nature，2010，464（7285）：59-65.

[4] NIELSEN T，QIN J，PRIFTI E，et al. Richness of human gut microbiome correlates with metabolic markers[J]. Nature，2013，500（7464）：541-546.

[5] WIEERS G，BELKHIR L，ENAUD R，et al. How probiotics affect the microbiota[J]. Frontiers in cellular and infection microbiology，2020，15（9）：454.

[6] PATEL R M，DENNING P W. Therapeutic use of prebiotics，probiotics，and postbiotics to prevent necrotizing enterocolitis：what is the current evidence?[J]. Clinics in perinatology，2013，40（1）：11-25.

[7] CAVALLARI J F，FULLERTON M D，DUGGAN B M，et al. Muramyl dipeptide-based postbiotics mitigate obesity-induced insulin resistance via IRF4[J]. Cell metabolism，2017，25（5）：1063-1074.

术语和词汇表

5-羟色胺（serotonin）： 存在于肠道和大脑中的神经递质。在大脑中，有助于产生愉悦感或幸福感；在肠道中，有利于蠕动，可使食物快速通过消化系统。

B细胞（B cell）： 是机体免疫系统的一类细胞群体。从骨髓里发展出来，该细胞可分泌抗体和细胞因子等分子物质，并对病原体或病原菌发起进攻。

T细胞（T cell）： 是机体免疫系统的一类细胞群体。在胸腺中分化成熟后可针对具体的病原菌进行攻击。

γ-氨基丁酸（GABA）： 是大脑中主要的抑制性神经递质，它会减弱大脑的兴奋度或兴奋性。

病毒（virus）： 比细菌更小的微生物，依赖于活的生物（微生物、动植物或人）来繁殖。

病原体或病原菌（微生物）（pathogen）： 可看作是导致人体疾病的"坏"细菌。有些所谓的病原菌或病原微生物其实是一类条件致病菌，可与人体内其他微生物和谐共生，直到菌群平衡被打破，才会产生对人体不利的作用。

肠脑轴（gut–brain axis，GBA）：指肠道和大脑间传递信息的一系列沟通渠道。

肠内神经系统（enteric nervous system，ENS）：又称"第二大脑"。肠道完全参与一套精细的神经网络系统，可在没有大脑干涉时，自动运输食物。它对肠道里的敏感细胞发出信号并做出反应，比如呕吐等。

肠上皮细胞（enterocyte）：在肠道内可从食物中吸收营养成分的细胞。这些细胞沿着肠道内壁排列，大量而迅速地吸收它们所能获得的可利用的营养成分。

肠易激综合征（IBS）：常见的功能性肠道疾病，表现为腹痛或腹部不适、腹泻、便秘或腹泻与便秘交替等。

代谢产物（metabolite）：生物新陈代谢的产物，也是微生物或细菌的分泌物。微生物代谢低聚糖可产生短链脂肪酸［如丁酸（盐）］等代谢产物。

低聚糖（oligosaccharide）：平均聚合度在2～10之间的糖类，可被细菌消化和分解成短链脂肪酸。

丁酸，丁酸盐（butyric acid，butyrate）：由共生细菌产生的一种短链脂肪酸（盐）。它可通过细胞，连接肠道和血脑屏障，进而改善人的情绪或心情。

动态恒平衡（homeostasis）：这是指面对外界变化的环境，生态系统或微生态系统保持均衡的一种令人惊叹的能力。比如人体微生物菌群总是努力地维持一种各菌群动态平衡的环境，如果外来因素试图改变这种平衡，微生物菌群会把它恢复到原来的状态。

短链脂肪酸（SCFA）：细菌代谢低聚糖分泌的物质，如醋酸、丙酸和丁酸等。短链脂肪酸可通过血脑屏障，直接进入大脑。

多巴胺（dopamine）：存在于大脑和肠道里的神经递质，是人脑里的奖赏系统发挥主要作用的物质，是使人感觉好并成瘾的基础。在肠道内可减弱

和对抗（反对）5-羟色胺。

多酚（polyphenol）：在植物中存在的一类化学物质，可看作抗氧化剂或新型益生元，可保护人体免受外来病原微生物的威胁。

发酵（fermentation）：细菌或酵母将糖类转换成气体、酒精和脂肪酸的过程。比如常见的酒类和面包的生产过程。

共生菌（commensal）：通常是指寄居在肠道内的"好"细菌，与人体宿主是共生关系。

合生素或合生元（synbiotics）：益生菌与益生元的复合产品。

厚壁菌门（Firmicutes）：细菌的一个门。人体肠道内的细菌主要属于厚壁菌门。这个门下包括乳杆菌属（*Lactobacilli*）和梭菌属（*Clostridia*）。

后生元（postbiotics）：是有益微生物（活的或死的益生菌）及其代谢物的统称，它通常指不能独立存活的细菌产物或代谢副产物，但在宿主体内具有生物活性。后生元的例子包括由微生物产生的短链脂肪酸和黄酮类化合物（flavonoid）。它还指能促进代谢效果的来自活菌或死菌的微生物成分。

抗生素（antibiotic）：通常是指一种广谱性的、可杀死或消灭细菌（病原菌）、拯救人类生命的化学药品。典型的抗生素是由细菌和霉菌产生的。如果抗生素被滥用，就有可能造成体内微生物菌群失调和（或）精神状况的变化，如心情（情绪）的扰乱。

抗生素的耐药性（antibiotic resistance）：指细菌变得能够对抗或抵抗抗生素的一种现象。通常是因抗生素的过度使用（滥用）所致。

抗体（antibody）：人体获得性免疫系统由于抗原（例如细菌等）刺激而产生的一种分子。免疫系统可产生数以百万计的抗体，这些抗体可筛选过滤并消除那些与人体自身组织起作用的外来抗原。被抗体标记的外来抗原可被人体免疫系统的白细胞所去除。

抗原（antigen）：抗原就是导致抗体产生的一种物质。大部分病原体或病原菌的细胞壁是有抗原性的。当病原体死去，其细胞壁片段依然可作为抗原，刺激机体产生免疫反应。如果人体使自身的细胞成为抗原，就会触发自身免疫反应。

酶或酵素（enzyme）：是生物体内产生的一种活性蛋白，可加速体内化学反应。如果没有酶的参与，有机反应就会太慢而缺乏效率。

迷走神经（vagus nerve）：从大脑游走的神经，通过躯干，发送信号投射到人体各器官，也是肠脑轴的重要组成部分，将肠道与大脑联系起来。

拟杆菌门（Bacteroidetes）：是细菌的一个门，包含了肠道中一大类细菌。另一门则是厚壁菌门。

黏液（mucus）：人体黏膜层或黏膜下层分泌的液体，分布在从口到肛门的各腔体内，例如鼻涕。黏膜是抵御外来微生物的第一层屏障和对抗病原微生物的一道防线。

乳杆菌（*Lactobacillus*，Lacto）：细菌的一个属类，通常可通过发酵把牛奶变成酸奶，把卷心菜变成泡菜。也是益生菌或神经益生菌的重要组成部分。

神经递质（neurotransmitter）：人类大脑用于沟通的化学物质。神经元细胞并不直接接触，中间的间隙是神经突触。神经递质作为沟通的媒介，可促进脑部的功能。

神经益生菌（psychobiotic）：一种活的微生物（有机体），当摄入充足数量时，对遭受精神疾病的患者产生健康益处。可改善精神健康，缓解抑郁和焦虑。

神经元（neuron）：大脑负责记忆、计算和信息处理的基本细胞。

失调（dysbiosis）：菌群保持平衡时，菌群呈现多样化。由于感染或病原菌占优势，菌群平衡会受到干扰。菌群失调原因往往与抗生素、感染和人体老化有关。

双歧杆菌（*Bifidobacteria*，Bifido）：是细菌的一个属，最早在人体中发现。双歧杆菌属下的很多种类用于酸奶和益生菌补充剂中，也有部分双歧杆菌被认为是神经益生菌，它可代谢或消耗纤维或益生元而产生丁酸——一种有利于人体肠道和脑部的化学物质。

微生物菌群（microbiota）：人体内所有微生物（从皮肤到肠道）的集合。

微生物组（microbiome）：给定微生物菌群的基因的集合。也指人体内所有微生物（细菌、病毒、真菌和原生动物）的基因和基因组。有时英文可与microbiota互换使用。

细胞因子（cytokine）：免疫细胞用于沟通的一大类化学物质。包括几百种不同细胞因子，如各种白细胞介素（interleukin）和干扰素（interferon）等。

细菌（bacteria）：地球上的一种单细胞生物。Bacteria是bacterium的复数形式。

细菌菌株（bacterial strain）：细菌分类学中，一种细菌可归类于某个属（genus）和某个种（species）。每一个种都有很多不同来源的个体，称为菌株（strain）。

细菌素（bacteriocin）：由某种细菌分泌产生的一种特殊活性物质或毒素（toxin），用来杀死或抑制某个相近种类的细菌。比如大肠杆菌（*E. colin*）产生大肠杆菌素可杀死相关的大肠杆菌。细菌素可看作是一种针对特定或具体的病原菌的化学成分，不像广谱抗生素一样，不加区别地杀死有益菌和有害菌。

下丘脑–垂体–肾上腺轴（HPA axis）：下丘脑–垂体–肾上腺轴是对人体交感神经系统的一种保持自我平衡（原状稳定）的控制器。它对压力状况做出相应的反应。此轴也随人体肠道微生物影响而变化，如果刺激持续，可能令人产生抑郁或焦虑。

纤维（fibre）：指人体肠道内不能分解的复杂的糖类。这些不能消化的糖类在结肠中被细菌（或称能"吃纤维"的微生物）所利用和分解。细菌"吃掉"纤维后会产生脂肪酸，如丙酸、醋酸和丁酸等。

血脑屏障（blood-brain barrier，BBB）：由细胞附属物组成的一种保护性屏障，包裹着大脑的每一根血管和毛细血管（capillary）。这种屏障在阻止病原体或病原菌进入的同时，可让营养物质或营养成分进入。

炎症性肠病（IBD）：炎症性肠病主要指溃疡性结肠炎（ulcerative colitis，UC）、克罗恩病（Crohn's disease，CD）和囊炎（pouchitis）。其中克罗恩病是一种不明原因的胃肠道慢性结节性炎症，以回肠末端最为常见。

益生菌（probiotic）：指当赋予一定或充足数量，可提升人体健康的活的微生物。典型的益生菌有乳杆菌、双歧杆菌和布拉迪酵母等。

益生元（prebiotics）：指益生菌的食物，通常是复杂的糖类，如膳食纤维等，它们不能在小肠吸收，穿过肠道到达结肠后，可被结肠中的微生物所利用。常见益生元有低聚果糖（FOS）、低聚木糖（XOS）和低聚半乳糖（GOS）等。

抑郁（depression）：这是一种与丧亲之痛、坏情绪和疾病行为等有关的精神状态。比如患病卧床时、蜷缩在床和独处时出现的一种状态。现在研究认为抑郁的原因与人体肠道菌群失调有关。

真菌（fungi，fungus）：这类微小生物包括霉菌和酵母，对食品工业意义重大，常用于酿酒、面包（烘焙）和干酪工业。

自然杀伤细胞（natural killer cell，NK cell）：是机体先天性免疫系统的一类细胞，可直接攻击并杀伤或杀死某类细菌。